産経NF文庫
ノンフィクション

就職先は海上自衛隊

女性「士官候補生」誕生

時武里帆

潮書房光人新社

はじめに——文庫化にあたって

子どもの頃、私の「将来の夢」は、「小鳥屋さんになること」と「小説家になること」だった。

当時ジュウシマツとチャボを飼っていたため、また、読書がすきだったため、このような「夢」が子ども心に紡がれていったのだろう。

ここにはまだ「自衛官」の「ジ」の字も出てこない。当時の私にとって自衛官とは「特別な訓練をしている、バリバリに強い人たち」であり、自分とはまったく無縁の世界の人たちだったからだ。

幼少期から、私はとにかく身体が弱かった。よく熱を出しては、学校を休んでいた。

少し転んで膝を擦りむいただけでも、翌日には傷が膿んで腫れあがり、歩けない。風邪でもひけば、すぐに重症化して一週間は寝込んでしまう。

特に難しい持病があったわけではない。普通の子どもにとっては大したことない怪我や風邪が、私の場合、いちいち大袈裟な病気に発展するのである。

そんな虚弱児童だった私が、将来、まさか自衛隊に入るなんて。自衛官になるなんて。その頃、誰が予想できただろうか。当の本人ですら、まったく思いもよらなかった。

しかし、その「まさか」は十数年後、現実となったのである。

一九九四年四月。私――時武里帆《ときたけりほ》――は、広島県安芸郡江田島町の海上自衛隊幹部候補生学校に入校。翌年卒業後、三等海尉に任官し、新造練習艦「かしま」に乗り組む最初の実習幹部として、世界一周の遠洋練習航海に参加した。

この世界一周は、初めて女性自衛官が参加した遠洋練習航海であったため、テレビや新聞など、各メディアで大きく取り上げられた。

今でこそ、女性海上自衛官（WAVE《ウェーブ》）の艦艇勤務は当たり前で、女性の艦長も立派に存在する。しかし、当時はまだまだ女性の艦艇乗組自体が珍しい時代だった。

ひょんなきっかけから、艦艇乗組WAVEの草分け的存在となった私は、さらにその後、当時の艦艇勤務を題材にした小説『ウェーブ〜小菅千春三尉の航海日誌〜』（柑出版社）で、時武ぼたん名義で小説家デビュー。「小説家になる」という子どもの頃の夢の入り口に立った。

こう書くと、まるで小説家になるために自衛隊に入ったかのように見えるかもしれない。

しかし、それは後付けであって、最初からそれを狙って自衛官になったわけではない。むしろ、自分には小説家になるだけの才能はなさそうだから諦めて方向転換しよう。思い切って違うことをしてみよう。そんな気持ちでグイッと舵を切ったのである。

自衛隊にいる間も、後にこうした体験記を書こうとか、体験を元にして小説を書こうなどと考えている余裕はなかった。日記も付けていなかったというと、たいてい驚かれる。

「昔のことをよく覚えてるね！」

しかし、これも正確には一から十まですべて覚えているわけではない。いくつか核となるような記憶があって、それをつついて書いているうちに次々と関連した記憶がよみがえってくるといったらいいだろうか。

なにしろ実体験なので、一度つついて噴き出してくると勢いがある。時に別々のところから噴き出たものが、互いに合わさって奔流になることもある。

最初の奔流に手を加えて仕上げた小説はデビュー作となり、それを読んでくれた月刊『丸』から「自衛官時代の体験記を連載してみませんか?」と声が掛かった。

連載の初期の部分が『就職先は海上自衛隊』として単行本化されると、今度は他社から、「女性艦長が主人公の小説を書きませんか?」との声が掛かった。これを機に私は筆名を時武里帆に改め、つい最近『護衛艦あおぎり艦長　早乙女碧《さおとめみどり》』シリーズ（新潮文庫）を上梓した。

いずれの作品も海上自衛隊での原体験がなければ、けっして生まれてこなかっただろう。

あのとき、思い切って小説家志望から自衛官へと舵を切ったおかげで、回り回ってまた夢の入り口に還ってきたのである。

虚弱児童からまさかの自衛官に、自衛官から小説家の入り口に。我ながらずいぶんと不思議な航跡を描いてきたものだと思う。

さて、本書ではそんな航跡のまさに始まりの部分、海上自衛隊幹部候補生時代を振り返ってみたい。

一般大学を卒業し、海上自衛隊という別世界に就職した社会人一年生の戸惑いと感動を笑いながら味わっていただければ幸いである。

時武里帆

就職先は海上自衛隊——目次

写真提供／著者・菊池雅之・雑誌「丸」・海上自衛隊
図版作成／佐藤輝宣

就職先は海上自衛隊

女性「士官候補生」誕生

海上自衛隊の階級と階級章

区分	幹部・准海尉										
区分	将官			佐官			尉官			准海尉	*2 幹部候補生
階級	統合・海上-*1-幕僚長たる海将	海将	海将補	1等海佐	2等海佐	3等海佐	1等海尉	2等海尉	3等海尉		
冬制服用											
夏制服用											

区分	曹士								
区分	曹				士			自衛官候補生 *3	3等海士 *4
階級	海曹長	1等海曹	2等海曹	3等海曹	海士長	1等海士	2等海士		
冬制服用									
夏制服用									

*1 階級は「海将」
*2 階級は「海曹長」だが、准尉に準じた徽章を着用する
*3 平成23年度より使用 任官前なので階級はない
*4 平成22年度廃止

第1章　真っ白な制服に憧れて

きっかけは陸自のパンフレット

江田島にある海上自衛隊幹部候補生学校には、大きく分けて二つのタイプの学生がいる。防衛大学校出身の一課程学生と一般大学出身の二課程学生だ。一般大学を卒業して入校した私は、後者の二課程学生に該当した。

そもそも小説家になりたくて進学したので、大学では文学部日本文学科に在籍。専攻は古代で、主に「古事記」や「万葉集」などを学んだ。

かつての虚弱コンプレックスを払拭すべく、体育会アーチェリー部で汗を流しながら弓も引いた。

おかげで、どうやら人並みな体力はついたが、私の専攻の日本文学はいわゆる「実学」ではなく、実社会において直接役には立たない学問である。

実学系の学部に在籍し、ゼミでシゴかれている友人たちに比べると、どこか「高等遊民」的で、おっとりとした雰囲気は否めなかった。

そんな雰囲気の中でも、私は私なりに苦闘していた。なんとかして大学在学中に小説家デビューを果たし、職業作家として身を立てたい思いがあった。

当時、女子大生作家として脚光を浴びていたのは、鷺沢萠さんや椎名桜子さんあたり。スター作家の彼女らと私の作風は似ても似つかないものだったが、それでも、せっせと下手な創作小説をノートに書き続けていた。

小説家になるための登竜門である文芸誌の新人賞にも応募してみた。しかし、結果は落選。一次選考すら通らなかった。

そろそろ現実を見なくちゃな……。

いざ就職活動の段になって、私は大まかに三つの道を考えた。大学院に進むか、教師になるか、公務員になるか。

ここでもまだ「自衛官」の選択肢は出てこない。

まず、大学院を出て研究職についている先輩に話を聞きに行った。

「そう、大学院に行きたいの？　で、研究テーマは決まってるの？」

いきなり具体的な質問をされて、私はたじろいだ。卒業論文のテーマも「無難」の域を出ないものであったし、「どうしてもこれを研究したい！」と熱望するようなテーマも、この時点の私にはなかった。

「小説家になるための時間稼ぎのつもりなら、大学院なんてやめておくべき。研究職は、そんなに甘いものじゃないよ」

当然の意見だった。

早々に大学院進学は諦めて、教員採用試験と公務員試験の勉強を始めた。と同時に、ずっと机にしまっていた、あるパンフレットを思い出したように、ひっぱり出したのである。

そのパンフレットとは、富士総合火力演習（陸上自衛隊の演習の一つで、一般公開される）で配られたもので、この演習を見に行った伯父が私にくれたものだった。

パンフレットには総合火力演習で使われた戦車や武器などの写真に混じって、陸上自衛隊の活動状況や活躍するＷＡＣ《ワック》（当時はまだ「女性自衛官」ではなく、「婦人自衛官」という呼称だった。ＷＡＣは陸上自衛隊の婦人自衛官を指す）たちの写真も載っていた。

皆、若くて身体能力の高そうな女性ばかり。きっと一〇代から鍛え上げてきたスーパーウーマンなのだろうな。カッコいいけど、二〇歳を過ぎた私には、もう無理だろうな。

ため息を吐きながら、ページを繰っていくと、最後に「自衛官募集」のページがあり、「一般幹部候補生」という項目が目に飛び込んできた。読めば、応募資格は「大卒程度の学力を有する者」とある。

心に何か引っ掛かるものを感じた。体力にも運動神経にも、学力にさえ自信はなかったが、なぜか私はこのパンフレットを宝物のように、机の引き出しにしまっていたのだった。

海自の夏服にハートを撃ち抜かれ

久しぶりにひっぱり出した富士総合火力演習のパンフレットを、私は舐めるように読み込んだ。その後、ついに意を決して自衛隊の地方連絡部（募集活動を担当、当時は略して「地連」と呼ばれていた。現在は「地方協力本部」、略して「地本」である）へ向かった。

この時点で、頭の中は富士総合火力演習一色。しかし、成人して、いくら人並みな体力をつけたとはいえ、元は虚弱児童だ。

「私がＷＡＣになりたいと言ったら、『あなたには無理です』と断わられるのでは？」

という不安が渦巻いていた。

「あの、自衛隊の『一般幹部候補生』について話を伺いたいのですが……」

「地連」の扉を叩くと、陸上自衛隊の制服を着た方々が愛想良く出迎えてくれた。

　こちらの地連では一般幹部候補生志願者を扱うのが初めてだったようで、とても珍しがられた。一般幹部候補生の書類を用意するのに手間取っている様子で、「ビデオを見ながら少しお待ち下さい」と、お茶を出された。「幹部」というのは他国軍隊の「士官」に相当する。

　地連の方が用意してくれたビデオは、いわゆる広報用ビデオで、陸・海・空の活動が興味深くコンパクトによく編集されていた。

　陸上自衛隊の戦車、海上自衛隊の護衛艦、航空自衛隊の戦闘機……。それぞれに見どころが満載で、私は食い入るように画面を見つめた。

　中でも特に気持ちを惹かれたのは、海上自衛隊の夏服だった。グレーの護衛艦上に整列し、真っ白な制服で敬礼をする彼らは、ひときわ輝いて見えた。

　わあ、カッコいい！　素敵！

　目が釘付けになり、文字通り、ハートを撃ち抜かれた気分だった。

「お待たせしました」

　地連の方が書類を用意して戻ってきた頃には、私の頭の中はすっかり海上自衛隊一色

■技術海曹

専門家としての豊富な経験及び取得した資格を海上自衛隊で活かす。

①特別な資格保有

② 20 歳以上

※中途採用

■貸費学生

学資金を貸与されながら、在学中は学業に専念。卒業後は、技術分野の幹部自衛官を目指す。

①大学の理・工学部の３、４年次又は大学院修士課程在学

※貸与金額（2018.4.1 現在）：月額 54,000 円（一定年限以上の勤務で返還免除）

■医科・歯科幹部

医師、歯科医としての豊富な経験を海上自衛隊で活かす。

①院卒（見込含）、大卒（見込含）かつ特別な資格保有

※医師免許又は歯科医師免許を取得していること。中途採用

■防衛大学校 学生

各自衛隊の幹部自衛官となる者を養成する。卒業後は、各自衛隊幹部候補生学校へ。

①高卒（見込含）

② 18 歳以上 21 歳未満（自衛官は 23 歳未満）

※２年進級次、陸・海・空の要員にわかれます。

■防衛医科大学校医学科学生

医師である幹部自衛官となる者を養成する。卒業後は、各自衛隊幹部候補生学校へ。

①高卒（見込含）、高専３年次修了（見込含）

② 18 歳以上 21 歳未満

※６年生の夏に陸・海・空の要員にわかれます。

海上自衛隊HP採用情報（http://www.mod.go.jp/msdf/recruit/）を元に作成（2022.5.31）
詳しくは、自衛官募集HP（http://www.mod.go.jp/gsdf/jieikanbosyu/）または募集要項を参照

海上自衛官になるための主な採用コース

①：応募の目安　②：年齢の目安

■自衛隊幹部候補生

大学を卒業して幹部自衛官を目指す。一般：文系・理工系大卒、歯科：歯学系大卒、薬剤科：薬学系大卒。

①院卒（見込含）、大卒（見込含）、特別な資格保有（歯科、薬剤）

②（大卒）22 歳以上 26 歳未満
　（院卒）20 歳以上 28 歳未満
　（歯科）20 歳以上 30 歳未満
　（薬剤）20 歳以上 28 歳未満

■航空学生

高校、大学卒業後、最短でパイロットの夢を実現する。

①高卒（見込含）、高専 3 年次修了（見込含）

② 18 歳以上 23 歳未満

■一般曹候補生

専門分野に精通した中堅の基幹要員となる。

①院卒（見込含）、大卒（見込含）、高卒（見込含）、中卒

② 18 歳以上 33 歳未満

■自衛官候補生

任期制（最初は 2 年 9 ヵ月、2 任期目以降は各 2 年）の自衛官となり、部隊の第一線でスキルを身につける。

①院卒（見込含）、大卒（見込含）、高卒（見込含）、中卒

② 18 歳以上 33 歳未満

■技術海上幹部

専門家としての豊富な経験及び取得した資格を海上自衛隊で活かす。

①院卒、大卒

② 45 歳未満

※中途採用

に塗り替えられていた。

「それで時武さんは、陸・海・空のどちらを志望されますか？」

「海です。海でお願いします！」

私は迷わず叫んでいた。今にして思えば、我ながらなんと単純な志望動機だろう。

陸上自衛隊の制服を着た地連の方は、少し残念そうな顔をした。やはり、ここは「陸を希望します」と言って欲しかったのではないだろうか。

「海上自衛隊の幹部候補生学校には、遠泳訓練がありますが、時武さんは水泳が得意なんですか？」

私が迷わず「海」と答えたので、水泳に自信があると思われたのだろう。とんでもない誤解だ。

「いえ、実は私、まったく泳げないんですが……」

中耳炎やらプール熱やらに悩まされて、小・中・高と、水泳の授業はほとんどまともに受けていない。

地連の方の表情が一瞬固まったように見えた。しかし、ここで「よくもそれで海を志望しますね」と返さないところが、この方々のすごいところだと思う。

「大丈夫です。海上自衛隊に入れば、確実に泳げるようになります」

にこやかに太鼓判を押された。

いや、そういう問題ではなくて……。

「ちなみに、どれくらい泳ぐのでしょうか？」

地連の方は、資料を繰り始めた。

「ここには『八マイル』とありますが……」

「八マイルと言いますと？」

次第に嫌な予感がしてきた。

「うーん、一五キロくらいでしょうか？」

一五キロ！　今度はハートではなく、頭をぶち抜かれたような気分だった。

「時武さん？　どうしました？　大丈夫ですか？」

「あ、はい。大丈夫です」

決して大丈夫ではなかったが、私は姿勢を正し、粛々と地連の方の説明を受けたのだった。

カナヅチなのに海上自衛隊志願

世の中には、大きく分けて二種類のタイプの人間がいると思う。

熟考に熟考を重ねたうえ、やっと物事を決定するタイプと、決定してしまってから

「さて、どうしようか」と考えるタイプだ。

私は、普段はどちらかというと前者なのだが、いざというときは後者になる。つまり、どうでも良いことではよく悩むくせに、大事なことは意外と簡単に決める。

「では、第一志望は海、第二志望は空、第三志望は陸、ということでよろしいですね？」

考え直すなら今だ、と思った。

しかし、思いとは裏腹に、私はしっかり「はい！」と答えていた。それほど海上自衛隊の制服の威力が強かったのか、私が単純すぎたのか。とはいえ、一五キロもの遠泳訓練をクリアできる自信はどこにもない。

地連を出て、とりあえず駅近のスイミングスクールに寄り、質問してみた。

「あの……。たとえばまったく泳げない人が、こちらで水泳を習った場合、短期間で一五キロの遠泳ができるようになったりしますか？」

受付の女性は一瞬ポカンとした表情を浮かべた後、「少しお待ちください」と、隣にいたコーチらしき人に私の質問をそのまま伝えた。

肩のガッシリとした、いかにも泳げそうな体形のコーチだ。私のほうに向き直って、

「遠泳と言いますと、海ですか？」

と聞く。どこで泳ぐのかという意味だろう。

「はい、海です」

「海でしたら浮力がありますから、初心者コースで泳ぎ方さえ覚えていただければ、大丈夫でしょう」

「本当ですかっ！」

私の食いつきに、コーチはたじろいだ様子を見せながらも「本当です」とうなずいた。

「わかりました。ありがとうございます」

よし。採用試験に受かった暁には、ここでお世話になろう。

次に本屋にも立ち寄って、自衛隊幹部候補生の試験問題集を漁ってみたが、当時は、そのようなものはまだ出回っていなかった。

地連の方の話では、とりあえず、公務員試験の勉強をしておけば対応できるとのことだったので、それを信じた。

さて、水泳はスイミングスクールでみっちり練習するとして、困ったのは小論文対策である。

当時は公務員試験に似た選択問題と記述問題の他に、結構な長さの小論文が毎年必ず出題されていた。地連の方からいただいた資料にも、その小論文の出題分野がズラリと列挙されている。

しかし、どれも理系・実学系の分野ばかりで、「この中から自由に選んで論述せよ」と言われても、日本文学専攻の私には書けそうなテーマが見当たらない。

選択分野を何度も見直して、最後にやっと「教育学」の分野を見つけた。私の専門分野ではないものの、教職課程の授業を受けていたので、これなら頑張れば書けなくもない。

よし、小論文は「教育学」でいこう。

早速、教職課程の「教育学」の教科書とノートを探し出し、復習を兼ねて独学を開始した。

その一方で、いくつか出版社の入社試験や面接も受けてみた。

四年生の五月頃まで、母校の県立高校で教育実習をしていたので、せいぜい五、六社くらいしか受験できなかった。それでも一社だけ、かなりイイ線までいった。結局、面接で落ちたが、この数少ない入社面接の経験が海上自衛隊幹部候補生の面接試験で活かされたように思う。

教育実習自体は、たまたま雰囲気の良いクラスの担任に当たったおかげで上首尾に終わった。

「時武先生、頑張って良い先生になってねー！」

受け持った生徒たちから、申し訳ないほどの声援と花束を貰って送り出されたものの、教育実習が終了した時点で、私は「教師になる」選択肢を捨てた。

教師は素晴らしい職業だと思うが、「私には向いていない」「違う」という判断だった。公務員の道も、国家二種の一次試験に落ちた時点で「もういいや」と思った。残るは海上自衛隊幹部候補生。

結局、伯父が貰ってきたパンフレットに端を発した選択肢が、最後の大本命として残ったのである。

試験会場は横須賀教育隊

自衛隊幹部候補生の採用試験は一次試験が筆記、二次試験が小論文と身体検査、面接だったと記憶している。

海上自衛隊志望の私は、一次試験当日の朝、緊張に包まれながら、試験会場である横須賀教育隊の門をくぐった。

海上自衛隊の学校のはずなのに、なぜか試験官は陸上自衛隊の幹部の方で、問題を配ったりする試験監督もWACだった。少し不思議な感じがしたのを覚えている。

昼食持参の試験日程で、ほぼ一日かけての長い試験だった。

試験官、試験監督が制服を着た自衛官である点を除けば、普通の公務員試験と雰囲気は変わらない。しかし、一点だけ他の公務員試験と大きく異なった点があった。

ズバリ、トイレである。

圧倒的に女性の受験者が少ないので、休み時間、並ばずにトイレに行ける。それまで大学入試や公務員試験、入社試験でのトイレ行列で散々ストレスを溜めてきた私にとって、この点は非常にありがたかった。

試験の出来もまずまずで、足取りも軽く帰宅したように思う。

それなりに手ごたえもあったので、一次試験の合格通知が来たときは、「よし！」と思った。これで第一関門突破だ。

しかし、まだ二次試験があるので気は抜けない。専門外の教育学で小論文を書かねばならないのだ。

あれこれ準備しているうち、あっという間に二次試験当日がやって来た。試験会場は、また横須賀教育隊である。

二次試験は面接が先だったか、小論文と身体検査が先だったか、実はよく覚えていない。とりあえず、小論文と身体検査が終わってから最後に面接、という順番で話を進めたいと思う。

懸念していた小論文の試験は対策どおりに教育学を選択したおかげで、作戦成功といってよい出来だった。専門分野でもないくせに、あたかも教育学部の学生であるかのように堂々とチームティーチングとバズ学習について論述した。

それだけはしっかりと覚えているのだが、では、そのチームティーチングとバズ学習が具体的にどんなものであるかというと全く思い出せない。

本当にこの小論文のためだけに叩き込んだ知識（付け刃）だったので、すぐに剥がれ落ちてしまったのだろう。

女性受験者同士の情報交換

小論文が終わるまではピリピリとした緊張感に包まれていた私たちも、身体検査の頃になると緊張がほぐれ、受験者同士で雑談する余裕が生まれていた。

当時はまだインターネットもスマホもない時代である。受験者同士の雑談は、貴重な情報収集のチャンスでもあった。

ただでさえ女性の受験者は少ないうえ、ひとまとめに「女性」というグループで移動して検査を受けるので、自然とうち解けておしゃべりに花が咲いた。

その中の一人は同じ神奈川県の地連から来た心理学専攻の女性で、すでに面識があった。神奈川地区の自衛官募集採用説明会の会場で知り合い、互いに住所と電話番号を交換していた。

他には、東京の地連から来た農学部の女性。もう一人は現役のWAVE海曹の方で、一人だけ白い夏制服姿だったため、とても目立っていた。

話してみると、なかなか気さくな人で、訓練や実際の部隊勤務など、内部事情をいろいろと教えてくれて助かった。

「どの部隊勤務が一番大変なんですか?」

「やっぱり艦《ふね》でしょう」

艦艇部隊を略して「艦《ふね》」と呼ぶあたりが、さすが現役である。

「艦は出港すると長いし、キツイからストレス溜まるらしいですよ。士官室係の海士が、気に入らない幹部の食事にこっそりフケを入れて出した、なんて話も聞きましたね。私は艦に乗ったことないんで、本当かどうかわからないですけど」

「ええーっ!」

我々の反響があまりに大きかったため、そのWAVEは慌てた様子で付け足した。

「ま、そんなことされるのは、よっぽど嫌われてる人ですよ。普通にしてれば、誰もそんなことしませんよ。大丈夫、大丈夫。アハハハ」

我々を安心させようと、そのWAVEが明るく笑って見せれば見せるほど、私たちの不安が大きくなったのは言うまでもない。

日本文学VSカタツムリ

身体検査は身長、体重の他に肺活量や視力、聴力、血液検査に尿検査、胸部エックス線写真など、本当に盛り沢山だった。

とても一ヵ所で済む検査ではなく、最初の検査会場から次の検査会場までマイクロバスで移動するほどだった。

当然、移動中の車内でもおしゃべりに花が咲く。

現役のWAVEから、ひととおりの話を聞いた後、今度は各自が大学時代に何をしてきたかとの話題になった。

心理学専攻の女性は、学んできた心理学について語ってくれた後、自衛隊の中にも心理職があるから、できればそれに就きたい、と結んだ。

自衛隊内部における職域の適性検査など、心理官が関わっているらしい。

なるほど、ちゃんと目標があるのだなあ。

感心していると、「時武さんは?」と話を振られた。

「私?　私は日本文学専攻でして……」

『古事記』や『万葉集』を読んできたという話をしたところ、農学部出身の女性に「それって、何か自衛隊と関係あるの？」と、ツッコミを入れられた。

「いや、特に関係は……、ないですね」

自衛隊に直接関係ないのはもちろん、実社会においても直接役に立たない、それが日本文学です、などとはさすがに言えない。

しかし、面と向かって「へえ、文学部の人でも自衛隊を受けるんだあ。信じられない」と片付けられてしまうと、文学部出身としては面白くない。

「そういうあなたは、何を勉強して来たの？」

せめてもの反撃のつもりで質問したところ、「カタツムリの研究です」との答えが返ってきた。

カタツムリかあ……。

そういえば小学生の頃、カタツムリに夢中になって飼った思い出がある。たしか、雌雄の別がなくて、元々殻を背負って生まれてくるのだったっけ。

研究対象としては面白いかもしれない。しかし……。

「カタツムリも自衛隊とあまり関係ないですよね？」

喉元まで出かかったセリフを私は呑み込んだ。相手は農学部。農学部といえば理系だ。私にとって複雑怪奇でしかない理系の科目を得意とする人なのだから、きっと優秀な女性にちがいない。

ここは本格的に反撃に出ないほうが無難だ。

「へえ、カタツムリの研究ですか。すごいですね。面白そう」

私は素直に感想を述べて、お茶を濁した。

最終面接はハッタリで

さて、一連の検査を終えて、いよいよ最後の面接試験となった。

これは、面接官三名が待ち構える面接室に受験者が一名ずつ入って諮問を受ける、三対一の対面形式だった。時間は一人あたり二〇分程度という話だったが、中に入ったまま三〇分以上出てこない受験者もいて、まちまちだった。

私は最後のほうの順番だったため、待ち時間も長く、緊張の持久戦を強いられた。

季節はまだ本格的な夏を迎えてはいないものの、「夏日」と称していい暑さ。ただ座って待っているだけでも、リクルートスーツの中を汗が伝って流れる。

私はたまらなくなって、シャツの第一ボタンを外した。たいして変わらないが、多少緊張がほぐれ、涼しく楽になった気がする。

いざ面接室に入る段になったら、忘れずに掛け直せばいいや。それより面接のイメージトレーニングをしなくちゃ。

小論文対策と同様、この面接試験に対しても、私は綿密な対策を練っていた。頭の中で、まずは絶対にきかれるであろう志望動機について、用意してきた答えを反芻した。

「はい、私が海上自衛隊を志望しましたのは、大学時代、体育会のアーチェリー部に所属して活動してきたおかげで体力に自信があった点と雲仙普賢岳における災害派遣のニュースを見て自衛隊の活躍に興味を持ち、自分にも何か出来ないかと考え、自衛隊で自分の可能性を広げてみたいと考えたからです」

我ながら「よく言うよ」と思うほど、半分以上ハッタリの志望動機である。

たしかに体育会のアーチェリー部には所属していたが、夏合宿では早々に鼻血を出してダウンするなど、堂々たる元虚弱児童ぶりを発揮してきた。とても体力に自信があるどころではない。

本音の部分といえば、「自衛隊で自分の可能性を広げてみたい」の部分だが、ここでツッコまれたらどうしよう。

背中を伝う汗が次第に冷や汗に変わってきた頃、呼び出しがかかった。

「はいッ」

勢い良く立ち上がった瞬間、それまで反芻してきたハッタリだらけの志望動機が、カチッとリセットされた気がした。

「頭の中が真っ白になる」という表現は、こういう時に使うのだろう。

フワフワと宙を踏むような足取りで、私は面接室の中へ入っていった。

面接官が三人、横並びに座っていたのは、よく覚えている。真ん中の人の名札に「三等海佐」と階級が書いてあったのも覚えている。三人とも白の夏制服姿だった。

予想どおり、海上自衛隊を志望した理由は聞かれたが、私はあれほど反芻したハッタリだらけの志望動機をきちんと述べられなかった。

途中から話の主旨が、あらぬ方向へ曲がっていって、なぜか「アーチェリーパラドックス」について熱弁を振るっていた。

アーチェリーパラドックスとは、アーチェリーをやっている者の間で知らない者はいない。

ものすごい勢いでまっすぐに飛んでいるように見える矢も、スロー映像で見ると、ぐにゃぐにゃとあらゆる方向に小刻みに曲がりながら飛んでいることがわかる。その矛盾を突いたパラドックスである。

関係ないバラバラな方向への力が加わりながら、結果として的の真中へ命中する精度の高い力が生まれる。それと同様、日本文学という自衛隊とは関係ない学問をしてきた私も、必ずや自衛隊の力になれるはずだ。なぜなら、組織は人が動かすものであり、人というものを追求していくのが文学だからである。

と、こんな具合に最後は無理やり話をまとめたような気がする。

私の話を頷きながら聞いてくれた面接官は、次に「女性でも艦艇乗組になることがあるかもしれませんが大丈夫ですか？」と尋ねた。

以前、出版社の入社面接で「最初から妊娠出産の雑誌に配属ということもありますが大丈夫ですか？」と尋ねられ、「妊娠出産は経験がないのでわかりませんが」と前置きを述べた途端に面接室の空気が変わった記憶がよみがえった。

私としては「経験はないけど頑張る」という意味で述べた前置きだったが、こういう時には少しでもネガティヴな言葉を口にしてはならない。

「はい、大丈夫です！　艦艇勤務には大いに興味があります！」

教訓を活かし、私は胸を張って返事をした。

「合格した暁には、ぜひとも護衛艦に乗りたいです！　そもそも私が艦艇に興味を持ちましたのは、小学生の頃の遠足で三笠公園の戦艦三笠に乗ったことがきっかけでして……」

勢い余って「戦艦三笠」が飛び出したのには驚いた。我ながらまったくの計算外で、アーチェリーパラドックスに続く完全なアドリブである。

どうなることやらヒヤヒヤしたものの、話しているうち次第に、「三笠」に感動して「将来は自分も立派な艦艇乗りになる！」と心に誓う少女の像が真実味を帯びてきたから不思議だ。

面接が終わる頃には、私は完全に夢と希望に燃える『国防女子』になりきっていた。

面接室の空気は終始一貫、変わらなかったように思う。「よし！」と思う瞬間もなかった代わりに、「しまった！」と思う瞬間もなかった。

「以上で面接は終わりです。ありがとうございました」

「はい！　ありがとうございました！　失礼します」

面接室のドアを閉めた途端、私はそのまま小走りに走り出したい思いに駆られた。

結果はどうあれ、とにかく喋れるだけ喋った達成感と高揚感があった。

冷静を装って帰りながら、ふと襟元に手をやって「アッ」と叫んだ。

シャツの第一ボタンを外したまま、掛け忘れていた。

「しまった！」

面接の際、シャツのボタンは第一ボタンまできちんと掛けるのが礼儀。

どの面接対策本にも書いてあるような基本事項が出来ていなかった。

この第一ボタンの失敗がどの程度影響するか……。合格発表まで不安な日々が続いたのだった。

第2章　合格ですよ！

地連からの電話

大学四年生の夏。同級生たちの大半がすでに会社から内定を貰っていたり、なんらかの試験に合格していたりして、将来の身の振り方を決めていたころだった。

生命力溢れるセミの声にも焦りを感じていた私の元に、一本の電話が入った。

当時、実家の電話はまだダイヤル式の黒電話である。重たい受話器を持ちあげて耳に当てると、地連の陸曹の方からだった。

「もしもし、時武さんですかっ！」

まるで号令でもかけるかのような、張り切った声が響いた。

「おめでとうございます！　合格ですよ」

セミの声も一瞬にして遠のいた。

「はあ、そうですか」

我ながらもっと気の利いた台詞を言えないものかと思ったが、胸がいっぱいで他の言葉が出てこなかった。

当時、この合格発表は自身で見に行ってもよいし、地連から連絡してもらってもよいことになっていた。

わざわざ見に行って不合格だとがっかりすると思い、地連から連絡してもらう手段を選んでいた。

合格と分かっていれば、直接見に行ってもよかった。

とりあえず身の振り方が決まった安堵感から、さまざまな思いが胸をよぎった。

シャツの第一ボタンを掛け忘れて失敗したけど、合格してよかった。やっぱり、アドリブで喋った「戦艦三笠」が効いたのかな。教育学の小論文が当たったのかな。

とにかく、文学部の私でも、ちゃんと合格できたんだ。

あ、そうだ。そういえば……。

大学でカタツムリの研究をしてきたという、あの女性はどうなっただろう。

試験会場で知り合った、農学部出身の女性を思い出した。

「私の一つ前の受験番号で、○○さんとおっしゃる方なのですが……」

地連の方に尋ねてみると、「○○さんですか？ うーん、そういったお名前の方は載っていませんね。番号も飛んでいますから、残念ながら不合格でしょう」と、申し訳なさそうな答えが返ってきた。

「お友だちなんですか？」

「いえ、特に……」

頭の良さそうな女性だったけど、ああいう人でも落ちるのだな。人生は分からないものだ、と思った。

白い夏制服で目立っていた現役ＷＡＶＥも不合格とのことで、結局、知っているところでは、私と心理学専攻の女性が合格だった。

「時武さん、よかったですね。がんばってください。期待してますよ！」

最後まで張り切った口調で、地連の方の電話は切れた。

思い出したように、セミの声が押し寄せてきた。

そうか。ここがゴールではなく、始まりなんだ。

現実に返ると、これからやらねばならないことが次々と浮かんできた。

まずは水泳だ。

私は、以前から目を付けていた駅前のスイミングスクールに入会し、早速初心者コースで練習を開始した。

しかし、私の水泳はなかなか上達しなかった。

つくづく泳ぎに対するセンスがないのだろう。こんな調子で、次の夏までに一五キロの遠泳に耐えられる泳力が身につくとはとても思えない。

我ながらなんと無謀な職業選択をしたものか。呆れて泣けてくるほどだった。

年が改まったころだっただろうか。合格者が対象の研修案内が届いた。まだ採用予定者である私たちのために、研修の名目で実際に江田島の幹部候補生学校へ行ってみませんか、という趣旨の案内である。

現地では幹部候補生学校の見学はもちろん、現役の幹部候補生の方々との交流会も予定されており、これは非常にありがたい企画だった。

私と同じように一般大から自衛官になった先輩たちに直接会って話が聞ける。いろんな不安をここで解消できるかもしれない。

私は迷うことなく、「参加希望」で返事を出した。

厚木基地からＹＳ機に乗って

研修の集合場所は、海上自衛隊厚木航空基地だった。

戦後、連合国軍最高司令官マッカーサー元帥が最初に降り立った、あの場所である。

現在は正門を入ってすぐ左手に「マッカーサーガーデン」というコーナーがあり、「日本の民主々義の生みの親」と銘打たれたマッカーサーの銅像が建っている。

この銅像は九五年に綾瀬市の方が寄贈されたものらしいので、私が研修に出発したころにはまだ建っていなかったと思われる。

ちなみに、神奈川県綾瀬市と大和市にまたがるこの基地がなぜ「綾瀬基地」や「大和基地」ではなく「厚木基地」と呼称されるのかについては諸説がある。

もっとも有力な説は、錯誤のおそれがない、所在地付近の著名な地名ということで、「厚木」が選ばれたというものだ。厚木は古くから宿場町として栄えた大きな町だったので、基地の建設当初からこの地名が冠されたのだろう。

なにはともあれ、そんな歴史のある飛行場から自衛隊のYS機（国産のYS－11型輸送機）に乗って研修に出発できるとは、つくづく合格者冥利に尽きる。

集合時間になると、同じようなスーツを着た若者が、ボストンバッグを持って続々と集まってきた。試験の時に一度会っている人もいたのだろうが、以前から面識のあった心理学専攻の女性以外は、見覚えのない人たちである。

大多数が男性なので、少数派の女性は女性同士で自然と固まった。国公立大学出身の人が多く、私大文系でしかも日本文学専攻は私一人だった。そのうえ皆、「どうしてそんなことまで知っているの？」というくらい自衛隊情報に詳しい。中には、水泳の元国体選手までいて圧倒された。

ＹＳ機のタラップで蹴躓いたり、離陸の際にジタバタして落ち着かなかったのは私くらいのものだった。

なんとなく場違いな雰囲気を覚えながらも、これから同期として一緒に訓練をしていくのだから、仲良くしなくちゃ、ついていかなくちゃ、と必死になったのを思い出す。今にして思えば、この研修の段階からうすうす感じた「出遅れ感」「置いていかれてる感」は決して気のせいなどではなかった。

虚弱だった小学生のころ、長引いた風邪が治って久しぶりに登校すると授業がさっぱり理解できず、みんなの話題にもついていけなかった、あの感覚に似ている。気がついたら周りに誰もいなくなっていて、「おーい、みんな待ってくれー」とひたすら焦る感覚。

「三つ子の魂百まで」とはよく言ったもので、この劣等感と焦燥感が混じり合った感覚が、後の自衛隊生活全般にわたって続くのである。

江田島研修

基地見学や護衛艦見学など盛り沢山なスケジュールをこなした私たちは、最後に江田島入りして、この研修のメインイベントに臨んだ。幹部候補生学校の見学である。

まず先に案内されたのは、入校式や卒業式で使われる白亜の大講堂だった。瀬戸内海産の花崗岩を用いて造られた建物は、控え目ながらも荘厳だった。戦後の一時期、進駐軍に接収され、教会として用いられていたというのも頷ける。内部の音響も良く、少しの私語でも響くので静かにするようにと注意されたのを思い出す。

次は教育参考館。入り口の脇に当時の特殊潜航艇が展示されており、私は当時、これを人間魚雷「回天」だとばかり思い込んでいた。しかし、実際は真珠湾攻撃に参加した「甲標的」と呼ばれるものだった。

この教育参考館には幕末から先の大戦に至るまで、我が国の海軍資料が一堂に展示されている。さながらパルテノン神殿を思わせる外観と相まって内容も充実しており、実に見応えがあった。

中でも、明治四三年、山口県新湊沖で訓練中に第六潜航艇の事故で殉職した佐久間艇

幹部候補生学校の「赤レンガ」庁舎。海軍兵学校の生徒館として明治26年(1893年)に建てられた。著者の候補生時代には、この建物で寝起きした〈海上自衛隊提供〉

昭和11年(1936年)に建設された教育参考館。幕末からの旧海軍の資料約1万6000点を保存、約1万点を展示する〈海上自衛隊提供〉

江田島湾に突き出した表桟橋。ここが江田島の正門とされる。幹部候補生学校の卒業生は、この桟橋から練習艦隊に乗り組んで巣立ってゆく〈海上自衛隊提供〉

長の遺書は圧巻で胸を打った。乗員総員が最期まで持ち場を離れず、艇の修繕に当たっていた姿勢はもちろん、事故の分析や状況の変化を遺書として克明に記し続けた佐久間艇長の精神力は並大抵ではない。艇内にガスが充満し、死期が迫るにつれて遺書の文字が震えていく様がリアルだった。

頭が下がると同時に、私の中で「これはいよいよ場違いな所に来てしまったのでは？」感が強まったのを覚えている。

最後は「赤レンガ」と呼ばれる、幹部候補生学校庁舎である。

江田島の象徴ともいえる英国調のハイカラな建物で、これは旧海軍兵学校の生徒館だった。現在は別に新しい学生館が建ち、幹部候補生たちはそこで寝起きしているが、私たちの時代はまだこの「赤レンガ」の中で寝起きして訓練した。今となっては貴重な経験である。

しかし、初めてこの建物を目の当たりにした時は、旧海軍兵学校時代からの伝統も重みも正直よく分からなかった。ただ、ハアァとひたすら感心しながら、佐久間艇長や山本五十六らを輩出した建物を見上げるばかりだった。

さて、「赤レンガ」を後にして江田島湾のほうへ歩いていくと、「表桟橋」と呼ばれる桟橋が見えてきた。

実はこの桟橋こそが、江田島の表玄関であり正門とのこと。それまで正門だと思って通って来た、大講堂側の門は裏門なのだと、私はこの研修で初めて知った。

表桟橋側から「赤レンガ」に出入りする正式なルートを通り抜けてよいのは入校時と卒業時、あとは総短艇時のみとの説明も受けた。

ソウタンテイ?

この時は外国語のようでピンと来なかった言葉が、実は大変な緊張と苦痛を伴う訓練を指すのだと、後になって思い知るのである。

リアル「総員起こし」に絶句

この研修の締めくくりは現役幹部候補生の方々との会食を兼ねた懇親会だった。場所は幹部候補生学校の食堂で、白いクロスの張られたテーブルがいくつか並び、会食用の料理が用意されていた。立食形式だったので、適当なテーブルを選んで位置に付き、現役の方々の登場を待った。

この時いらっしゃったのは、私たちと同じく一般大学出身の幹部候補生で、通称「二課程」と呼ばれる第二課程学生の方々だった(ちなみに、防衛大学校出身の学生は第一課程学生である)。

定刻の五分前になると、件《くだん》の先輩方は整斉《せいせい》と登場された。たった一年しか違わないのにずいぶんと風格があり、堂々として見えた記憶がある。

私が主に話をしたのはＷＡＶＥの方々だったが、揃いも揃ってきれいな人ばかりだった。

「あの、私、まったく泳げないんですが……」

まず、一番の関心事であり不安事項をぶつけてみると、「ああ、全然大丈夫ー。私も赤帽だったし、あの子も、この子もみんな赤帽だったからー」と、あっさりとかわされた。

「アカボウって何ですか？」

「水泳能力未熟者のこと。泳げない人は赤い水泳帽を被って泳ぐの。ちなみに泳げる人は白帽ね」

実にあっけらかんとした調子で説明して下さった。

「みんなで泳げば赤帽だって完泳できるから大丈夫！　それにいざとなれば近くの白帽が助けてくれるよー」

まるで「みんなで渡ればこわくない」式のノリである。「赤信号と赤帽は違うのでは？」と思いながらも、終始明るいＷＡＶＥの先輩方には励まされた。

その他にもいろんな話を伺った。

「赤鬼」「青鬼」とあだ名されている二名の指導官の話。ソウタンテイという短艇訓練の話。朝の総員起こしと海上自衛隊第一体操の話。

どれもまだピンと来ない話だったが、最後の総員起こしに関しては、生で実感できた。

幹部候補生学校に隣接する「江田島クラブ」に宿泊した私たち「採用予定者」は、翌朝、遠くに聞こえる起床ラッパの音で目を覚ましたのだ。

おお、これが起床ラッパか。

感心していると、テンポの早いラッパの音に続いて「総員起こし！」との号令も聞こえてきた。

しかし、私たちが揃って顔を見合わせたのはこの後だ。

号令からほどなくして「ウォォーッ！」という雄叫びのような声が響いたかと思うと、江田島クラブ横のグラウンドから「いちっ、にっ、さん、しっ！」と猛烈な掛け声がかかり始めたのである。

まったく事情を知らない人が聞いたら、朝っぱらからいったい何の儀式が始まったのかと思うだろう。私たちは顔を見合わせたまま絶句した。

グラウンドの様子はよく見えなかったが、昨夜の懇親会でお世話になった先輩方が、この猛烈な掛け声とともに海上自衛隊第一体操をしているのだと想像はついた。

正直、起き抜けにいきなりあのテンションはキツい。入校したらこれが毎日続くのか。様々な思いを抱きながら、私たちは江田島クラブで粛々と朝食を摂った。

今ならばまだ入校を断わることもできる。逆にここで断わらなければ、あと数ヵ月後には私もあのグラウンドで猛烈な掛け声をかけながら体操をしなければならない。それも毎朝……。

行きは空路だったが、帰りは陸路だったような気がする。実は、初めての江田島の印象が強烈すぎて、どうやって帰ったかなどまるで覚えていない。

入校すべきか、断わるべきか。そればかり考えていたように思う。

海上幕僚監部って、何?

江田島研修から帰ってからしばらくの間、赤レンガの印象が頭から離れなかった。あの中に入って私は本当にやっていけるのか。赤帽とやらを被って一五キロの遠泳訓練を本当にクリアできるのか。

何度も考えて悩んだ末、私はついに決心した。

ええい、こうなったら乗りかかった船だ。せっかく合格したのだから入校しよう!

同じ頃、説明会の時点から連絡先を交換していた心理学専攻の女性も決意を固めたようで、「どうする? 決めた?」と電話がかかってきた。

「決めたよ。よろしくね」

「私も決めた。よろしくね」

入校までの準備をお互い相談しながら進めていこうと電話を切った。

身内や知り合いに自衛官がいるわけでもない私にとって、自衛隊はまったく未知の世界。

入校前に相談相手ができたのは、大いに心強かった。

ほどなくして、入校に際しての注意や準備物件などが記載された書類が、大型の封筒でどっさりと届いた。差出人は海上幕僚監部である。

一通り目を通すだけでも大変な量で、中には記入して送り返さねばならないものもある。

私はそうした書類のチェックと卒業論文の執筆とを並行してこなしていった。

ある日、大学の図書館で机いっぱいに書類を広げて読んでいると、友人がやって来て不思議そうな顔をした。

「海上幕僚監部？　これって、どういう部署？」

おそらく総務部とか営業部とか、そういう類の部署だと思ったのだろう。

「『海上』っていうのは海上自衛隊のこと。私、海上自衛隊に就職するんだ」

と答えたところ、かなり派手に驚いてくれた。

「幕僚監部って、私もよく分からないけど、昔の参謀本部みたいなものじゃないかな？」

ちなみに参謀本部は陸軍、海軍では軍令部である。当時はそれすら把握していなかった。

「りほちゃん、すごい所に行くんだねえ」

私が海上自衛隊に入る噂はまたたく間に広がり、みんなとても興味を持ってくれた。ゼミの先生など、個別の卒論指導もそこそこに「君、海上自衛隊に入るんだって？」と、身を乗り出して来られるほどだった。

持久走のタイム

海上幕僚監部に送り返す書類に記入しなければならない項目はたくさんあった。制服のサイズ選択から始まって作業服のサイズ、靴のサイズ、おまけに下着のサイズ選択まであって驚いた。

しかし、一番困ったのは「二キロ走タイム」の項目だった。

二キロなんて高校生以来、いちいちタイムなど計って走っていない。当時のタイムだって思い出せないし、どのくらいのタイムが平均的なのか、見当もつかない。

「これって、どの程度正確に書かなくちゃいけないのかなあ？」

例の心理学専攻の女性に電話してみると、

「何に使うのか分からないだけにこわいよね」

との返事。テキトーに書いたばっかりに後でイタイ目に遭いたくはない。

二人であぁでもない、こうでもないと話し合った末、「じゃあ、いっそのこと二キロ走っちゃう？」との結論に至った。

互いの家から近い駅で待ち合わせて「これでだいたい二キロくらい」と、心理学専攻の女性が設定してくれたコースを一緒に走った。

二人とも同じ程度のタイムで、これが二〇代女性の平均タイムと比べて早いほうなのか遅いほうなのか、よく分からなかった。しかし、嘘のタイムではないので、後ろめたさはない。すっきりとした疲労感だった。

走った後に二人でお茶をしながら、入校に際しての準備物件について話し合った。実は、研修時の懇親会で知り合った先輩WAVEの方々が「これはあったほうがよい」という物を手紙にまとめて送って下さっていた。

なにしろ忙しい方々なので、個々に手紙を書いている暇はない。代表の方が、私たち研修員の代表に送ってくれたコピーをみんなで回し読みする形だった。

今ならメールで「一斉送信」だが、まだスマホもインターネットもない時代なので、手段はもちろん郵送である。

貴重なコピーを二人で読みながら、話題は次第にその中の「肝に銘じておくこと」の項目に移っていった。

そこには「口は災いの門。余計なことは喋らないように」と、わざわざアンダーラインが引かれていた。

幹部候補生学校の生活は秒刻みのスケジュールで、お喋りなどしている暇はないと聞いていた。それでも、余計なことを喋るなとはどういう意味か。

悩み事ができたとしても、誰かにうっかり相談もできないのだろうか？

私の憶測に心理学専攻の女性が意見した。

「でも、一人で煮詰まった時は誰かに喋ったほうがいいよ。喋ってるうちに、自然に良い方向へ向かっていくものだからさ」

さすがその方面の勉強をしてきた人だけあって説得力があった。

よし、煮詰まったときはこの人に相談しよう。

心理カウンセラーのような人と一緒に入校できるなんて頼もしい、と思った次第だった。

後日談になるが、結局のところ、ここまで手間をかけて計った二キロ走のタイムが何に使われたのかは、今もって不明である。

出発の朝

幹部候補生学校から送られてきた「入校案内」によれば、手荷物品の量は一人当たり段ボール四箱まで（三箱までだったかもしれない）で、着校日より前に幹部候補生学校の第一学生隊気付で送付してもよいとのことだった。

大学も無事卒業した春休み。私は花粉症でかゆい目をこすりながら、入校準備に取り組んだ。

衣類や洗面道具一式、ティッシュペーパーにタオル類……。毎日確認しながら、着々と荷造りは進んでいく。最後に大学時代の愛読書、吉野源三郎の『君たちはどう生きるか』を入れてガムテープで封をした。

自分より先に着校する手荷物を自転車の荷台に括《くく》り付けて、近所の宅配便の営業所に運ぶ。

「あと二箱持ってきますから、よろしくお願いします」

一度ではとても運びきれなかったので、自転車で何度か往復して運んだ。

「第一学生隊気付　第四五期一般幹部候補生　時武里帆様」

江田島の住所で自身の宛名を書くのは、なんとも不思議な気分だった。同時にいよいよ入校するのだなあ、との感慨も湧く。

すべての段ボールに荷物伝票を貼って送り出すと、一気に力が抜けていく気がした。入校したら、しばらく自由な時間はないだろう。その前にある程度やりたいことをやっておこうと思った。

しかし、いざとなると何がしたいのかよく分からない。いや、むしろ入校後の生活が気になって何も手につかない。

結局、大したこともしないまま、出発の日を迎えた。

指定された着校日より一日早い出発である。

着校日の着校時刻は午前中なので、前日に江田島クラブに入って一泊し、赤レンガに向かう流れだった。

定番のスーツに着替え、実家の庭で記念写真を撮ったりしていると、小学校時代からの親友がわざわざ見送りに来てくれた。

昔から姉妹のようにいつも一緒に遊んで育った、貴重な友達である。

「りほちゃん、元気でね」

これにはさすがに感極まり、涙が出そうになった。

「ありがとう」

そのうち近所の人たちも出てきて、なにやら物々しい様相を帯びてきた。

ここで万歳三唱でもされようものなら、まるで出征兵士の見送りだ。

「行ってきます！」

私は努めて笑顔を作って出発した。

べつに戦争に行くわけでもないのに、なぜかもう二度と帰って来られないような悲壮感がぬぐえなかった。

大丈夫、大丈夫。どうにかなるさ。自分に言い聞かせながら、新横浜の駅から新幹線に乗り、広島へ。

当時は五時間近くかけての長旅だった。最後まで寝倒そうと思っても、そうそう寝られるものではない。同じ駅から乗り合わせた、心理学専攻の女性と雑談しながら、長い時間を過ごした。

着校前夜

新横浜から広島までも長旅だったが、広島から呉、呉から江田島までもかなりの行程だった。

やっと幹部候補生学校の隣の江田島クラブに着くと、宿泊客のほとんどは新幹部候補生たちだった。

だいたいは研修時に会った人たちだったが、中にはまったく見覚えのない顔もある。その人たちは関西やその他の地区から来た人たちで、どうやら地区によって研修の日程もコースも違ったらしい。

しかし、いくら研修で顔を合わせていなくても、同じ立場の者同士、雰囲気ですぐにそれと分かる。特に女性は人数が少ないので、夕食後はみんなで一つの部屋に集まって話に花が咲いた。

宿泊の部屋割はなぜか江田島クラブ側で事前に割り振られていて、私は例の心理学専攻の女性とは別の部屋だった。

それだけは覚えているのだが、では誰と同じ部屋だったかというと残念ながら覚えていない。着校日を前にして、やはり緊張していたのだろうか。

心理学専攻の女性と同じ部屋に割り振られたのは現役のＷＡＶＥ（採用試験時に一緒だった女性とは別人）で、到着が遅かったらしく、みんなの集まりには現われなかった。

ただ、心理学専攻の女性の説明によれば「私と同部屋の人、海上幕僚監部から来たんだって。さっき着いたみたいで、ちょっと挨拶したんだけど、すごい美人だった」とのこと。

話を聞いて、集まっていた女子陣営は大いに湧いた。

「へええ、そんな人がいるんだぁ」

「海上幕僚監部から来たって、すごいねー」

この時点で、私の認識の中ではまだ「海上幕僚監部イコール海軍参謀本部」である。本当は海軍は軍令部なのに。

「海軍参謀本部から来たすごい美人」とはいったいどんな女性なのか。

きっとスポーツ万能で頭脳明晰……。かなりデキる女性に違いない。

頭の中で、様々な想像が膨らんだ。

いよいよ赤レンガへ

楽しい女子会の夜は、あっという間に明けて、厳しい朝がやって来た。

指定された着校時刻は、たしか午前八時半から一〇時の間だったと思う。

ギリギリよりは、ある程度余裕をもって着いていたい。

さすがに余計なお喋りをする気にもなれず、私たちは静かに大講堂側の門を通って一路、赤レンガへと向かった。

きれいに目立てされた白い砂利道の脇には、桜の木が見事な花をつけていた。花見でもするにはもって来いの場所だ。

だが、敷地全体からピリピリとたちのぼってくる異様な緊張感は、そんな浮足立った気分を即座に相殺する力をもっていた。

花粉症用のマスクすら着けてはいけないような雰囲気である。いや、マスクなど着けなくても不思議とくしゃみ一つ出てこなかった。

結構な距離の道のりを歩いて、ようやく赤レンガが見えてきた。

入り口には簡易式の長机が置かれており、黒い冬制服を着た人たちが何人か立って待っている。あれが受付に違いない。

慣れないパンプスで、一歩一歩踏みしめながら石段を上がる。

この入り口を通り抜けてよいのは原則として入校時と卒業時のみ。今がまさにその「入校時」に当たる。

感慨にふける余裕もなく石段を上がり切ると、すぐに名前を聞かれた。

「時武里帆です！」

長机の上に置かれた名簿で確認されてから、「よし。第三分隊！」と告げられた。

「分隊」とは、普通の学校でいうところの「組」に当たる。

自習室で待機するようにと言われたものの、入り口を通り抜けて中庭のほうへ出ると、どこが自習室なのか分からなくなった。

おろおろしていたところ、後ろから声をかけられた。

「時武さん？　私も第三分隊だからよろしくね」

振り返ると、二〇代のころの蓮舫議員を彷彿とさせるような、知的でキリリとした感じの美人が微笑んでいる。

おお、この人が例の海軍参謀本部……、いや、海上幕僚監部から来た現役のＷＡＶＥに違いない。制服ではなく私服のスーツ姿だったが、すぐに分かった。

「こちらこそどうぞよろしく」

「じゃ、行こうか」

ショートカットのその人は、姿勢正しくカツカツとヒールを鳴らして前を歩いていく。私より小柄なのに、歩く速さは私の倍くらいに感じられた。

さすが現役の人は違う。これから先、この人についていけば間違いないだろう。だが、私のような鈍くさい奴がこんな優秀な人についていけるだろうか？

石畳の廊下をコケないように気をつけながら、私は懸命にその現役ＷＡＶＥの後を追ったのだった。

第3章　幹部候補生学校生活始まる

五省《ごせい》

海上自衛隊幹部候補生学校の庁舎「赤レンガ」は、旧海軍兵学校時代から生徒館として使われており、現在でも江田島を象徴する建物として有名である。

建物全体を艦に見立てているので、表桟橋に向かって中央玄関口から右側が「右舷」、左側が「左舷」にあたる。

艦艇では「右舷が奇数、左舷が偶数」が原則なので、赤レンガにおいても右側に奇数分隊、左側に偶数分隊の自習室や休憩室が並んでいる。

入校当時、私はこうした事情を全く知らなかった。

それまでの常識から考えて「一」の隣は「二」、「二」の隣は「三」だろうと思っていた。

だから、第一分隊の自習室の前をを通り過ぎた後、いきなり第三分隊の自習室に行き当たったときは、「あれ？」と思った。

第二分隊の自習室はどこへいっちゃったの？

しかし、そんな素朴な疑問を差し挟む暇もなく、海上幕僚監部から来た現役ＷＡＶＥのＫ野候補生は「ここだね」とニッコリ笑って中へ入って行く。

私も慌てて後を追い、第三分隊自習室の中へ足を踏み入れた。

ギシッと、大きく床のきしむ音がした。丹念にワックスを塗り込んだ、重厚な光沢を放つ木製の床である。旧海軍兵学校時代からの歴史を感じさせる。

広さは普通の小・中学校の教室と大して変わらないだろうか。そこにグレーの事務机が人数分並び、席順も既に決まっていた。

「時武里帆」と名札の置かれた机の上には、既に私の分と思われる制服や作業服がドサリと積んである。

とりあえず手荷物を置いて席に着くと、正面の壁に掛かっている「五省」が目に飛び込んできた。

一、至誠に悖《もと》るなかりしか
一、言行に恥づるなかりしか
一、気力に缺《か》くるなかりしか
一、努力に憾《うら》みなかりしか
一、不精に亘《わた》るなかりしか

古い戦争映画で見た記憶はあったものの、今でもこうして当たり前のように壁に掛けてあるとは……。やはり、ここは特別な場所なのだと思わざるをえなかった。達筆な文字を目でなぞりながら、私は早くも一行目の「悖る」からして読み方が分からなかった。

「至誠に悖るなかりしか」とはおそらく、嘘をつくなとか、誠実にあたれとか、まあそんな意味だろうと解釈して一人で納得した。

ちなみに、この「五省」は昭和七年に海軍兵学校長の松下元《はじめ》少将が創始したものである。兵学校の生徒たちは日々、この五つの項目に沿って自己の行為を反省し、明日への修養に備えたという。

海上自衛隊幹部候補生学校でもその伝統を受け継いで「五省」を掲げているわけだが、果たしてすべての項目において「心当たりなし！」と胸を張れる者がどれだけいるだろうか。

研修の段階から漠然と感じていた「場違い感」を未だぬぐえずにいた私は、達筆すぎる「五省」からさりげなく目を逸らしたのだった。

一課程学生と分隊長登場

着校の時間に幅があったためか、自習室に集まってくる新幹部候補生たちは一人一人バラバラだった。それぞれ決められた席に着いたものの、お互いに話をするでもなく、手持ち無沙汰にキョロキョロと辺りを見回している。

私の席は廊下側の一番後ろの席だったため、皆の背中を眺める形で自習室全体の様子がよく伺えた。

集まってきた第三分隊の候補生たちは、私とK野候補生以外すべて男性である。

私は小学校からずっと共学校で、大学に至っては共学なのにほとんど男子校のような大学だったため、男性ばかりの状況には慣れていた。

それでも、こんな緊張感漂う場所で前の座席の男性にいきなり後ろから「ねえ」と声をかけるのは憚られる。

頼みの綱であるK野候補生の座席は遙か前方で、話しかけられる距離ではない。

せめて隣の席の人が早く来てくれればと思うが、どういうわけか集まって来る人たちは皆、隣り合った二つの席のうち左側の席に着く人たちばかりだった。

はて、右側の席にはどういう人たちが座るのだろう？

疑問に思っていると、そのうち自習室の前のドアが開き、黒の冬制服に身を包んだ人たちが集団でドヤドヤと入って来た。

既に制服を着ているなんて、この人たちはいったいどこで着替えて来たのだろう。

特にキョロキョロするでもなく、冬制服の集団は互いに軽口を叩き合いながら、勝手知った様子で次々と右側の席に着席した。

実はこの集団こそ、防衛大学校出身の候補生たちだった。

私の隣にやって来た元防大生は手荷物をいきなり机の上に投げ置き、無表情にドサリと椅子に腰を下ろした。

この人は実はとても親切で優しい人だと後で分かるのだが、初対面の印象は正直「こわい」だった。

とても気軽に話しかけられるような雰囲気ではない。ムッとした顔で黙っているので、こちらも下を向いて黙っていた。

しかし、どこの集団にも人懐こくてお喋りな人は存在する。

現役のＷＡＶＥのＫ野候補生周辺の席には、そのような人たちが集まったようで、シンとしていた自習室が、急ににぎやかになった。

とその時、ギシッと床を踏みしめる音が大きく響き、もう一人、冬制服を着た人物が足早に入って来た。

にぎやかになった自習室が静まるのを待たず、その人物はまるで最初からそこにいたかのように、いきなりテキパキと何かの説明を始め、私の頭がようやくその言葉を消化し始めた頃には、もう説明が終わっていた。

「……ということで、今から◯◯◯まで寝室で身辺整理。◯◯◯◯になったら、作業服に着替えて再びここに集合しろ。以上、かかれ！」

皆、一斉に立ち上がったが、私はほとんど何も理解できていなかった。

そんな私の状況を察したかのように、早口の人物は「二課程の学生は分からないことがあったら、隣の一課程の学生に聞け。いいな？」と付け加えて、また足早に去って行った。

どうやら既に制服を着ている防大出身の学生が「一課程学生」で、私たちのような一般大出身の学生が「二課程学生」らしい。

しかし、隣の強面《こわもて》の一課程学生にはなかなか聞けそうにない。とりあえず、机の上に置かれた制服一式と作業服を抱えて立ち往生していると、颯爽と移動するK野候補生が目に入った。

そうだ。K野候補生がいるじゃん！　K野候補生はなんといっても現役なのだから、すべて理解しているはず。

私は急ぎ足でK野候補生の後を追いかけた。

自習室からWAVE寝室までの移動中、K野候補生は自衛隊での基本事項をいろいろと教えてくれた。

まず、時刻に関しては「○時○○分」とは言わず、すべて四つの数字で言い表わす。例えば、一○五○分であれば「一○五○」で、「ひとまるごーまる」と読む、等々。

へええ。感心して頷きながら、私は最後に気になっていたことを聞いてみた。

「さっき急に自習室に入って来て、一気にダーッと説明して帰った人いたでしょ。あの人、誰かな？」

K野候補生はくっきりとした瞳を見開き、驚いた表情を浮かべた。

「やだ、時武さん。あの人が私たちの分隊長だよ」

身辺整理は裾上げから

そうか。あの早足にして早口な人物が、我が第三分隊の分隊長だったのか……。

K野候補生によれば、自習室に入って来て真っ先に「俺が分隊長のS本一尉だ」と名乗られたそうなのだが、そんな最重要事項を私はしっかりと聞き漏らしていた。

どうでもいい話はよく聞いているくせに、肝心な話は聞いていない。私の悪い癖だ。

しかし、幸いにも再び自習室に集合する時間は聞き取っていたので、いちいちK野候補生に確認せずに済んだ。

支給された衣類一式を両手に抱えてWAVE寝室に入ると、思わず「おお～」と声を上げたくなるような光景が広がっていた。

絨毯敷きのだだっ広い部屋に、ベッドが等間隔でズラリと並んでいる。ベッドはそれぞれ足元を合わせる形で二つ一組になっており、枕元側に簡単なロッカー式の衣装箪笥が一つずつ配置されている。

ただそれだけのシンプル極まりない部屋なのだが、当時の寝室は十人以上が寝起きする大部屋だったので、ベッドの列だけでも壮観だった。

ここに第一分隊から第六分隊までのWAVE候補生が総員集まって就寝するわけである。

窓側から第一分隊のWAVEのベッドが並び、第三分隊の私のベッドは部屋のほぼ中央に位置していた。

とりあえず、自身のベッドの上に支給された衣類一式を置き、枕元側に据えられた衣裳箪笥兼ロッカーを開けてみる。クラクラとめまいがする思いがした。

こんなコンパクトすぎるロッカーに手荷物がすべて納まり切れるだろうか？

不安に苛まれている暇もなく、両隣のベッドに第二分隊と第四分隊のWAVEが来て、一斉に作業服に着替え始めた。

そうか。次の集合時の服装は作業服と指定されていたっけ。

私も慌てて着替えたものの、作業ズボンの長さには愕然とした。

「これはスーパーモデルが穿《は》くんですか？」と聞きたくなるくらいに長い。裾上げせずにはどうにも穿きこなせない代物だった。

どこを見渡してもミシンなどはないので、手縫いするしかない。WAVEの先輩方からの申し送りの中に「裁縫道具必須」とあったのも合点がいった。

ただでさえ時間がないのに、裾上げから始めねばならないとは……。

あり余るズボンの裾をカットしたいところだったが、税金によって支給されている衣類にハサミを入れて良いものかどうか分からない。結局、何回か折り込んで縫い込むことにした。

本格的なまつりぐけなどしている時間はないので、大雑把な針目でひたすらザクザクと自己流に縫い上げる。

出来上がった青い作業ズボンは、左右の足の丈が微妙に違っており、黒糸による縫い目も荒く波打っていた。

この出来では途中でほつれて、とても卒業まで保たないだろう。私は確信をもった。しかし、この危なっかしいズボンの裾は一度もほつれずに卒業まで保ち越し、無事返納に至ったのである。

初仕事は机運び

裾上げに予想外に手間取ったため、決められた時間内で身辺整理は終わらなかった。しかし、集合時間に遅れるわけにはいかない。

途中で切り上げて再び自習室に集合すると、皆一様に作業服姿なので、まるでどこかの工場の工員たちが集まっているようだった。

現在の幹部候補生学校の作業服は男女とも濃紺の上下だが、私たちの時代は男女で色もデザインも微妙に違っていた。

男性は青色の上下で、女性は青色の上衣に紺色のズボン。これに男女とも錨のマークの付いた作業帽か幹部候補生学校の部隊帽を被る。

夏は暑く、冬は寒い服装である点がミソだ。

そのうち、分隊長のS本一尉がまた早足で入って来た。

改めて「分隊長」の認識で見てみると、S本一尉の第一印象は典型的な「上官」であり、「気安く話しかけてはいけない」だった。

話し方も話の内容もテキパキとしていて無駄がなく、うっかりしていると、あっという間に示達が終わっている。

「何か質問のある者！」と聞いてはくれても、「バカな質問は一切受け付けない」と顔に書いてあるので、「もう一度ゆっくり言ってください」などとは口が裂けても言えない。

とにかく、最初の示達事項は自習室の机と椅子を入れ替えるから全部外に運び出せというものだった。そこだけは理解できたが、その後の行動についての示達は早すぎてよく理解できなかった。

まあいい。なんとかなるだろう。

皆の後に続いて立ち上がり、私は作業にかかった。しかし、これが結構な力仕事で、今でもはっきり記憶に残っている。

椅子のほうはよいとして、問題は机である。抽斗《ひきだし》付きのたっぷりとした事務机なので、重たいうえに幅が広すぎて両手で持ちづらい。

一課程学生と組んで運んだのだが、私は抽斗が付いている側を持ったため、抽斗のない側を持っている相手のスピードに合わせるのが大変だった。

一言「代わってくれ」と言えばよかったものを、女だから力がないと思われるのがいやで、結局最後まで無理して運び切った。

あのとき、もしも手がすべって自身の足の上に机を落としていたら、その後の候補生生活はどうなっていただろうか。

変な意地は張るものではないと今になって思う次第である。

猛烈なるアイロン戦開幕

支給された作業服の応急カスタマイズが済んだ後、私たちを待っていたのは、冬制服のアイロンがけ作業だった。

といっても、支給された冬制服がひどくシワシワでヨレヨレだったわけではない。

クリーニング済みのスーツがそのまま大量に平積みされて、数年間放置された状態とでも表現したらよいだろうか。アイロンはかかっているものの、長期保管による変な「保管皺《ほかんしわ》」が入った状態で支給されたのである。

一般社会なら「着ているうちにどうにかなるでしょう」レベルの皺だが、ここ「江田島」ではそれは通用しない。

毎朝「課業整列」という日課があり、この整列には皺一つなく、埃一つ付いていない制服で臨まねばならないのだ。

よって、WAVE寝室の隣の乾燥室（物干場《ぶつかんば》ともいう）では毎晩、翌朝の課業整列に備えて霧吹きの煙幕の中、猛烈なアイロン戦が展開される。支給されたばかりの制服の「保管皺のばし」は、これから卒業まで続く長期戦の開幕といってよかった。

スカートのほうは良いとして、苦戦の対象はもっぱらダブルのブレザーである。タオルをクルクルと巻いて筒状の芯にし、それを袖の中に入れてアイロンを当てる。袖の皺はどうにかなっても、肩回りなど複雑な部分の皺はなかなか取れない。

タオルの芯を移動しているうち、自身の手にアイロンが当たり、「キャッ！」「熱《あつ》ッ！」と、あちこちで悲鳴が上がる。

そんな中、アイロン用のグローブを持参してきたWAVE候補生がおり、これは順番に使わせてもらってかなり重宝した。

こんな便利なものがあったのか！

それまでの人生で、グローブを装着するほど真剣にアイロンがけをした経験がない私は、素直に感動した。

よし。外出する機会があったら、私も絶対手に入れよう。

心に決めたはずだったが、その後も私はグローブを購入せず、同期の私物を拝借し続けて卒業に至った。

総員起こし

「江田島」の日課は〇六〇〇《まるろくまるまる》（朝六時）の「総員起こし」から始まる。分かりやすく表現すると「みんな起きろ」という号令である。

起床ラッパの後にこの号令がかかるやいなや、総員がバネ仕掛けの人形のように跳ね起き、一斉に毛布を畳んで作業服を装着。グラウンドまでダッシュする。この一連の流れ自体を「総員起こし」と呼称する場合も多い。

しかし、実は号令のかかる前から着々と準備は開始されていた。

大抵は〇五四五《まるごーよんごー》ごろからゴソゴソと起き出し、トイレに行ったついでに身支度を整えるのだ。

幹部候補生学校側の原則として総員起こし前の起床はNGなのだが、トイレは例外なので許される。

だから、あくまで「トイレのついでに」という名目で、フライングが黙認されていた節がある。それでも、「総員起こし五分前」の号令がかかるまでには必ずベッドに戻り、静かに寝ていなくてはならない。こちらのほうの規則は厳守で、これを破ると厳しく咎められる。

フライングの時点で作業服の上下を装着したり、最初から寝間着代わりに作業服を着て寝るのもNG。「作業服は起床してから装着」が原則だった。といいながら、私は作業服のズボンだけフライングの時点でこっそり装着していた記憶がある。

〇六〇〇の起床ラッパで目が覚めない者は一人もいないが、起床ラッパで目を覚ましていたのでは遅いというのが実情。よって、起床のための目覚ましではなく、フライングのための目覚ましを個々にセットしておく必要があった。

当時の主流はデジタル式腕時計のアラームである。

私は目覚まし機能がないアナログ式腕時計だったので、目覚まし用の小さい時計を枕元にセットしていた。中にはクラシカルなベル式の目覚まし時計をセットしている人もいて、この効果は絶大だった。

ジリジリジリジリッ！

とにかく大音響のため、この人一人が代表でセットしてくれれば他の人の目覚ましは必要ないのではないかと思われた。

だが、いくら黙認されているとはいえ、総員起こし前に目覚ましベルの音が外に漏れるのはまずい。

一人一人が控えめに目覚まし音を鳴らすほうが良いだろうという結論に落ち着いた。

さて、「総員起こし五分前」になると、学生隊本部から隊付B《たいづきブラボー》がコツコツとヒールを鳴らしてWAVE寝室にやって来る。

当時の隊付BはK藤二尉というWAVEで、この方がWAVE候補生たちの指導官を務めていた。非常に優秀でありながら、さっぱりとした性格でお酒に強く、実は結構豪快な方でもあった。

この隊付Bの監視の下で一連の「総員起こし」が行なわれるわけだが、ここで一つの争点があった。

隊付Bの立ち位置である。

私たちWAVEの寝室はWAVE総勢一〇人以上が寝起きする大部屋で、手前入り口側に第六分隊のベッド。奥にいくにしたがって、第五、第四、第三……という具合に番号の若い分隊のベッドが並んでいる。

隊付Bはいつも入り口、つまり第六分隊のベッド付近に立たれるため、第六分隊のWAVEは他分隊のWAVEの何倍もの緊張を強いられる。私のようにこっそり作業服のズボンを履いておく不正もできなかったのではないだろうか。

しかも、寝室の電気のスイッチが入り口側にあるため、「総員起こし」で電気を点けるのは第六分隊、消して出るのも第六分隊、となる。

些細な問題だが一分一秒を争う「総員起こし」においては大問題で、当然「奥のほうのベッドの人はいいよねー」という不満が出る。

しかし、「奥のほう」には「奥のほう」の不満があった。奥には大きな窓があるので、そのカーテンを開けて出るのは奥のベッドの第一分隊、閉めて寝るのも第一分隊、なのだ。

結局「真ん中の人たちはいいよねー」となり、ど真ん中のベッドで寝起きしている私は申し訳なくて肩身が狭かった。

こうした不満がついに隊付Bの元に届いたのだろうか。

ある日突然、隊付Bの立ち位置が変わり、寝室内全体を周回し始めたのには驚き慌てた。

真ん中のベッドだからといって、うかうかとしていられない日々が訪れたのである。

甲板掃除・朝食・課業整列

陸・海・空の自衛隊の中で、掃除全般を「甲板掃除」と呼称するのは、海上自衛隊だけだろう。艦艇の甲板掃除に限らず、学校等の施設内掃除もすべて、海上自衛隊では「甲板掃除」となる。

これは海上自衛隊の基本が艦艇生活にあるためで、たとえ航空機のパイロット志望の者であっても、まずは船乗りとしての初期教育を受ける。

だから、航空部隊内で「甲板掃除」の号令が入るのは、端から見ると不思議な感じがするだろうが、当の隊員にとっては日常なのである。

さて、ここ「江田島」でも「甲板掃除」は重要な日課の一つだった。

総員起こしでグラウンドに飛び出し、体操を行なった後、私たちはそのまま甲板掃除に入る。

各分隊ごとに受け持ち区画が決まっており、その区画における全責任を負う仕組みになっていた。

幹部候補生学校の敷地は広いので、受け持ち区画も広範囲である。「え？　こんな所まで？」という場所もあり、中でも泣き所は桜の木周辺の外掃除だった。

「江田島」の桜の咲き誇り方は本当にみごとなのだが、散り方もまたみごとなのだ。

連日花吹雪さながら、たくさんの花びらを落とすので、掃いても掃いてもキリがない。

「江田島」の卒業生で、桜の花を見ると気分が悪くなる人は、少なくないのではないだろうか。

甲板掃除を済ませてからは、やっと朝食の時間となる。

朝食のメニューは大抵、ご飯に味噌汁、焼き魚に漬物……といったオーソドックスなものだった。

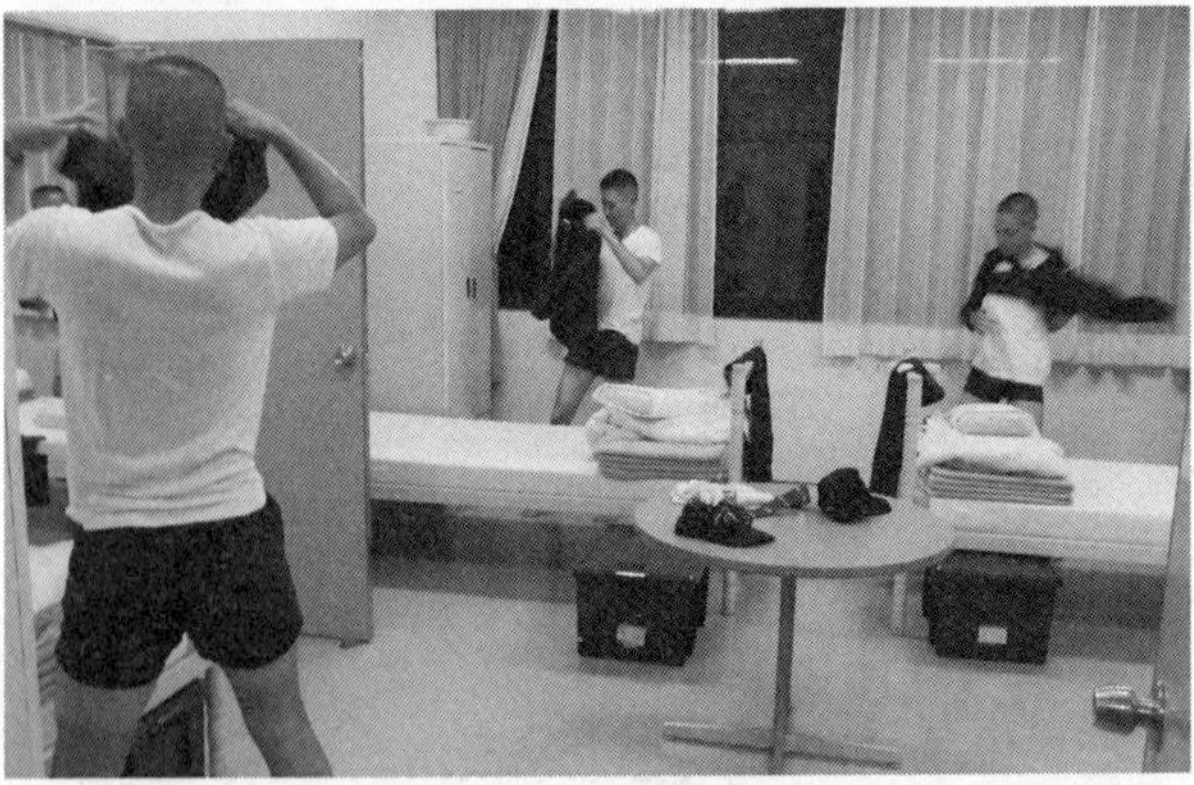

幹部候補生学校の1日は午前6時(冬は6時半)の「総員起こし」で始まる。起床ラッパで起きた候補生は寝具を片付け服装を整えてグラウンドに走る〈雑誌「丸」提供〉

食事はセルフサービス式の食堂で摂る。時間に追われる候補生生活だが食事をきちんと摂るのも任務のうち、原則として食事を抜くことは許されない〈雑誌「丸」提供〉

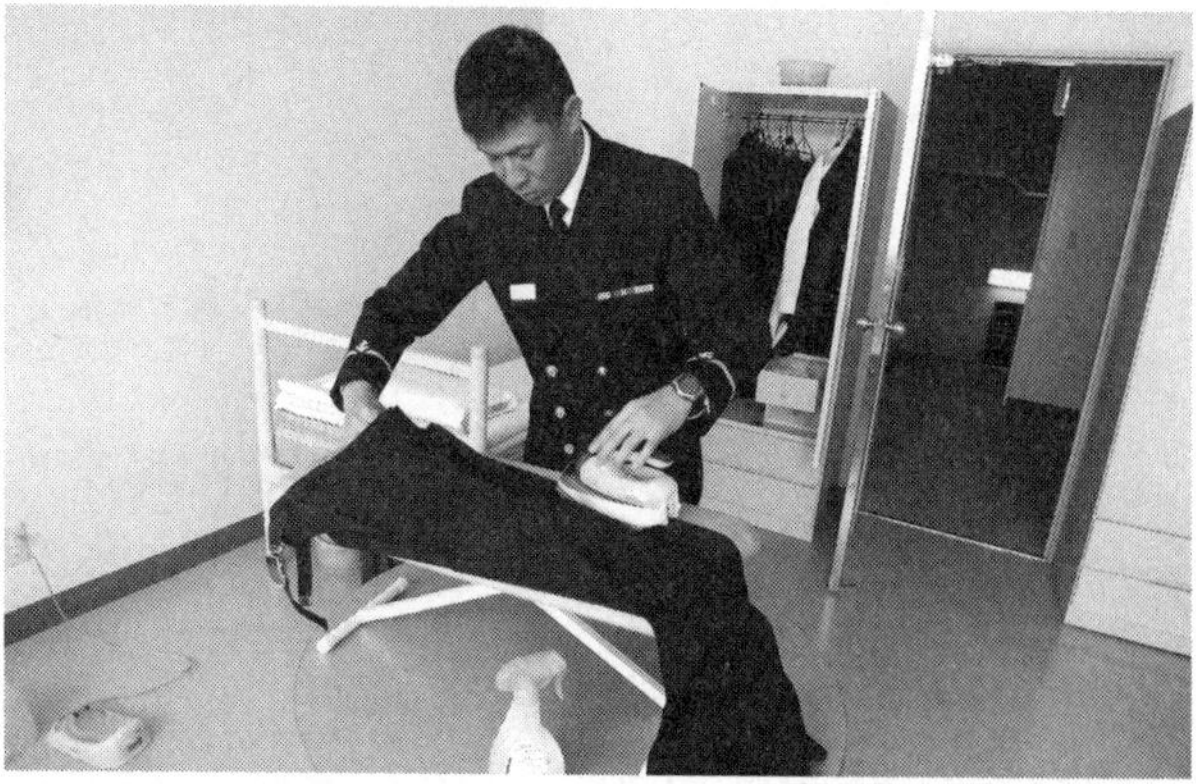

毎朝の課業整列に備えて冬制服にアイロンをかける候補生。入念にシワを伸ばしたあとガムテープの粘着面などを使って徹底的に埃をとる作業を行なう〈雑誌「丸」提供〉

朝の課業整列時の服装容儀点検。候補生が交代で点検官となりチェックを行なうが、赤鬼・青鬼が厳しく監督しているため手を抜くことは許されない〈海上自衛隊提供〉

日課では〇七〇〇《まるななまるまる》からとなっていたが、甲板掃除が長引いたりして、定刻に食堂にやって来られる候補生は少なかった。税金によって賄われている食事を三食きちんと摂るのも任務のうちなので、食事を抜くのは原則として禁止である。しかし、どうしても時間に間に合わず、食べられなかったケースも何度かあったように思う。

さて、朝食の後は課業整列である。

前日の夜にアイロンがけが満足にできなかった者は、朝食後から整列までの僅かな時間を利用して仕上げのアイロンをかけて整列に臨む。

この仕上げの後に活躍するのがガムテープだ。

海上自衛隊の冬制服の色は黒なので、埃が付着していると非常に目立つ。整列前の服装容儀点検で引っかかり、「埃、不備《ふび》!」とやられてしまう。これを防ぐために、各自ガムテープを手に巻き、その粘着面を利用して徹底的に埃を取るわけである。

しかし、あまり一生懸命やりすぎると逆に制服が毛羽立ち、より一層埃が付きやすくなるから要注意だ。

私はこの埃にはよく泣かされた。

ギリギリまでガムテープでペタペタとやっていて、慌てて飛び出すものだから、整列するまでに壁にぶつかったり人にぶつかったりして、結局埃だらけとなってしまう。

「もっと落ち着いて出て来い！」

分隊長にもよく注意された。

〇八〇〇《まるはちまるまる》には「ラッパ君が代」が鳴り、第一グラウンドの国旗掲揚台に日の丸が掲揚される。朝の課業整列はこの国旗掲揚のためにあるといってもよいだろう。

第一術科学校（主に艦艇職域の専門術科の教育を行なう）や幹部候補生学校の学生たち総員が出て来て整列し、国旗掲揚台の日の丸に敬礼してから、行進をして教務に向かう。

幹部候補生学校の学生の整列場所は「赤レンガ」の前で、細かい整列位置も決まっていた。

「赤レンガ」自体が道に対して若干斜めに建っているので、私たちもそれに合わせて若干斜めに整列するところがミソだった。

国旗掲揚が終わると、各分隊ごとに示達連絡や五分間講話などが行なわれる。

五分間講話とは、各分隊の中で一名ずつ当番に選ばれた学生が分隊員総員に対して講話をするというものである。テーマが決まっているときもあれば、自由テーマのときもあった。

これは将来、初級幹部として部隊配属となったとき、部下に対していつでも講話ができるようにという訓練の一環でもあった。

五分間という時間は短いようでいて意外に長い。何でもいいからダラダラ話せばよいというわけではない。

最初の頃は皆、自己紹介を兼ねて自身の大学時代の話をしていたように思う。

私も大学時代に所属していたアーチェリー部の話をしながら、集中力について述べた記憶がある。

しかし、指揮官として重要なのは集中力よりも、むしろ、大局的にものごとを見て判断する力のほうであると分隊長から指摘された。

「まあ、両方の力を使いこなせれば理想だがな」

なるほど、と思った。

両方を使いこなすどころか、どちらも力不足で今も反省することしきりである。

謎の手荒れ

海上自衛隊幹部候補生学校に入校し、数日が過ぎようとした頃、私の身体に異変が起きた。

手荒れである。

それも今まで経験した例がないほどの荒れ具合で、カサカサに乾いて腫れ上がった。

いくらハンドクリームを塗っても治らず、これには大いに悩まされた。

さほど手を酷使した覚えもないので、考えられる原因はストレスくらいだった。普通の女子大生から一変して海上自衛隊幹部候補生へ。生活の著しい変化と、連日続くハンパない緊張感。知らず知らずのうちに身体が（両手が）悲鳴を上げたのかもしれない。

それにしてもなぜ手荒れ？

疑問は募るばかりだったが、早急に何か手を打たねば酷くなる一方である。既に腫れのせいで筆記用具を使うにも、「気を付け」の姿勢で手をグーに握るのも困難な状態になっていた。

休み時間にPX（購買）の薬局に行って薬を買いたくても、買いに行っている時間がない。そこで考えたのは、入校式の日、式にやって来る両親に頼んで強力な薬用ハンドクリームを買ってきてもらうテだった。

着校日は四月一日でも正式な入校式は四月七日であり、それまでは試用期間とされていた。分かりやすくいえば「やっぱり無理だ」と思ったら「辞めてもいいよ」という期間である。

私は正直「無理かも」とは思い始めていた。しかし、それなりの覚悟を決めて着校したので、辞める気はなかった。

ただ酷い手荒れをどうにかしたい一心で、入校式の日（両親が強力なクリームを持ってくる日）を心待ちにしていた。

だから、私たちの入校決意のほどをはかる試金石、学生隊幹事付《かんじづき》A《アルファー》とB《ブラボー》（通称・赤鬼と青鬼）登場の日が刻々と迫っている事実に気を留めてもいなかったのである。

第４章　入校式と「服務の宣誓」

入校式の「タテツケ」

入校式を間近にひかえ、白亜の大講堂で、総員によるタテツケが行なわれるようになった。

この「タテツケ」は、海上自衛隊では「予行練習」「事前訓練」の意味で頻繁に用いられる独特の用語である。

聞き慣れ、使い慣れると違和感はないが、初めて耳にしたときは正直なところ意味が分からなかった。

「大講堂で入校式のタテツケを行なうから集合しろ！」と指示されて、私が真っ先に思い浮かべたのは「入校式」と書かれた看板の取り付け作業である。

大講堂に集合してタテツケを行なっている最中も「はて、看板はいつ出てくるのだろう」と気になって仕方がなかった。

当然ながら、看板など出てくるはずもなくタテツケは終了し、これを何度か繰り返すうち、タテツケとはどうやら予行練習を意味するらしいと気が付いた。

万事が万事この調子である。

分からなかったら周りの動きを見て判断し、後は体で覚えていく。いちいち「○○って何？」「○○ってどういうこと？」と聞くのもよいが、私の場合トンチンカンな疑問を抱くケースが多いので、やたらに聞くと恥さらしになる。

人に聞かずに済めば、なるべく聞きたくないスタンスが早くも定着し始めていた。実はこの悪しきスタンスのせいで、後で手痛い目に遭うのだが……。

赤鬼・青鬼登場！

さて、タテツケが終了し、一日の日課もほぼ終わったころだった。私たち第一学生隊に集合がかかり、総員が教務班講堂に集まった。

たしか、夕食と入浴を済ませた後だったと思う。こんな時間に総員集合とは珍しいと思ったものの、一日の疲れもあって気が緩んでいた。

いつも髪を十分に乾かしている時間がなく、濡れた髪をそのまま後ろでまとめて自然乾燥するのだが、その日は集合のおかげで、さらに乾かしている時間がなかった。

雫をポタポタと垂らしながら、制服に着替えて教務班講堂に向かった記憶がある。

なにしろ二百名ちかくの大人数が一同に集まり、しかも総員風呂上りなものだから、部屋中が熱気でムンムンとしていた。

隣の席の者との間隔も狭く、キュウキュウの状態で待っていると、定刻きっかりに学生隊幹事のN島三佐がやって来た。

「気を付け！」

学生長の号令で立ち上がった私たちは、覚えたての敬礼でN島三佐を出迎えた。

ちなみに海上自衛隊では、一般的な学校の日直がかけるような「起立」「気を付け」「礼」の号令はかけない。

いきなり「気を付け」から始まって「敬礼」「直れ」となり、「着席」は「着《つ》け」である。

「着けぇ」

独特のゆっくりとした発声でN島三佐が命令し、それを受けた学生長が「着け！」と号令をかけて、私たちが着席する。

「俺は学生隊幹事のN島だぁ」

N島三佐は壇上から、講堂内全体をくまなく舐めるように鋭い視線を投げ、よく響く低音で名乗られた。

講堂内の空気が一変し、ただならぬ気配が漂う。

「幹事は幹事でも、宴会の幹事ではなぁい」

もしかしたら笑うところだったのかもしれないが、このピリピリとした空気の中で笑う勇気のある者は一人もいなかった。

「いいかぁ、学生隊幹事とは一言でいえば、君たちの学校生活全般を取り締まる役どころだ。だが、とても俺一人では手が足りなぁい。そこで、今日は俺の下で俺の手となり、足となって働いてくれる二名の者たちを紹介する」

ざっくりとした説明の後、N島三佐は両脇にひかえていた二名の幹部に目で合図して壇を下りた。

「幹事付《かんじづき》A《アルファー》、I二尉！」

「同じくB《ブラボー》、E川二尉！」

N島三佐と入れ替わりに壇に上がった二名の鋭い目付の幹部は、ものすごい声量で立て続けに名乗りを上げられた。

ああ、これが例の「赤鬼」と「青鬼」か。

噂には聞いていたものの、実際に対面となると迫力が違った。

念のために説明しておくと、学生隊幹事付とは学生隊幹事の下で、候補生たちの学校生活における規律や服務面を直接指導する指導官である。一般の学校でいうところの、いわゆる生活指導の先生といったところか。

候補生たちの服装や生活態度に少しでも不備があれば、厳しく指導するのが任務であり、この点において情け容赦はない。

総員の前で激しく罵倒され、罰を課せられるのはもちろん、場合によっては連帯責任で、不備者の所属する分隊員総員が罰を受ける例もある。

歴代の特徴として、鋭い目付き、割れんばかりの声量、全身から発せられる威圧感などが挙げられる。それ故に「赤鬼」「青鬼」とあだ名されているのだろう。

この赤鬼と青鬼の登場と、彼らによる最初の「締め」の儀式は毎年恒例で、今も続いているのではないかと思う。

しかし、いくら恒例と分かってはいても、この独特の空気の中で行なわれる「締め」にやられてしまう者はいる。

私の斜め前の席には、第二分隊のＷＡＶＥ候補生が三名座っていたのだが、彼女たちは赤鬼・青鬼が机を叩いて大声を上げるたび、椅子から二、三センチ飛び上がって背中を震わせていた。

かく言う私も恐怖のあまり、赤鬼・青鬼がどんな詰問をして私たちを責めたてたのか、具体的には覚えていない。

おそらく「幹部自衛官となるための心構えを述べよ」とか、そのような内容だったのではないだろうか。

各分隊の室長と室次長が一名ずつ指名されて締め上げられていたが、まともに応答できた者はいなかったのではないかと思う。

最後に、赤鬼と青鬼は「こんな調子ではこれから先が思いやられる。今から俺たちがみっちり鍛えてやるから、よく覚えておけ！」と脅して、締め括《く》った気がする。

今にして思えば、これは最初の「篩《ふる》い」だった。この篩いにかけられて残った者が、この後に続く江田島生活を経て、海上自衛隊の初級幹部として遠洋練習航海へ旅立っていくのだ。

残念ながら、私の斜め前の席で飛び上がっていたＷＡＶＥ候補生三名のうち一名は、「締め」の翌日に荷物をまとめて自主退校していった。

入校式

赤鬼・青鬼による最初の篩いにかけられた後、残った私たちはいよいよ入校式に臨む運びとなった。

入校式の前までは試用期間なので自主退校も認められるが、入校式を経た後はそう簡単にはいかない。

辞めるにしろ、続けるにしろ、それなりの覚悟が必要となってくる。

赤鬼・青鬼による「締め」を第一の篩いとするならば、第二の篩いとなるのは「服務の宣誓」だろう。

この宣誓文にサインをしたのは入校式の前だったか後だったか、はっきりとは覚えていない。だが、サインをした直後の瞬間はよく覚えている。

「ああ、サインしちゃった」

と、誰かが感慨深げにつぶやいていた。

「服務の宣誓」とは、以下のようなものである。

――私は、わが国の平和と独立を守る自衛隊の使命を自覚し、日本国憲法及び法令を遵守し、一致団結、厳正な規律を保持し、常に徳操を養い、人格を尊重し、心身をきたえ、技能をみがき、政治的活動に関与せず、強い責任感をもって専心職務の遂行にあたり、事に臨んでは危険を顧みず、身をもって責務の完遂に努め、もって国民の負託にこたえることを誓います。――

この文章が印刷された用紙が一斉に配られ、「各自よく読んでからサインするように」と指示される。

重要なサインだけに、文面を読み込む時間はたっぷり与えられるが、周りと相談したり、用紙をそのまま持ち帰るなどは許されない。

サインするか、しないか。二つに一つの簡単な選択でも内容は重い。

「事に臨んでは危険を顧みず」「国民の負託にこたえる」などの言葉がズシリと響く。テストの答案用紙に名前を書くのとは全く違う緊張感でサインをした後、後ろの席から前の席に送る形で用紙が集められた。

あの用紙は、今もどこかに残っているのだろうか。

さて、四月七日の入校式である。

白亜の大講堂で、式はタテツケどおりに粛々と行なわれた。一人一人が名前を呼ばれてその場で立ち上がり、「着け」で一斉に着席。学校長の訓示があり、学生長が代表して所信表明を行なう。

この入校式は幹部候補生の階級である「海曹長」の任命式でもあるから、この日をもって私たち二課程学生は総員、ピカピカの海曹長となった（ちなみに一課程学生は防大卒業時に任命済み）。

海曹長といえば海曹士の最高位で、ＣＰＯ（先任海曹室）に入ることができるエキス

入校式に備え、満開の桜の前に整列した一般幹部候補生たち。着校から約1週間、一般大学出身の第二課程学生も制服姿が何とかさまになってきたころ〈海上自衛隊提供〉

大正6年(1917年)完成の白亜の大講堂で行なわれる一般幹部候補生の入校式。この日から二課程学生も防大卒業者と同じく「海曹長」の階級となる〈海上自衛隊提供〉

パートである。部隊でも顔利きで、当然ながら仕事もデキる。

普通なら二〇年くらいかかって昇任する階級に、ついこの間まで大学生だった者が、いきなり任命されるのだ。

海曹長は海曹長でも幹部候補生は極めて特殊な身分といえよう。

セーターや作業服に付ける階級章は海曹長のものでも、冬制服の袖口の金線は三尉の半分の太さのもので、錨マークの刺繍が施されている。

この制服は候補生の間しか身に着けられない。

よく声の響く大講堂で「はい！」と返事をしたからには、なんとしてもやり抜かなきゃ。そんな決意を新たにした入校式だった。

入校式には父兄の参列も許されたので、実家から両親がやって来た。

入校式の前だったか後だったか。面会の時間があって、私は両親を第三分隊の自習室と休憩室に案内した。

「へえ、すごい所ねえ」

感心してあちこちを見まわしている母親から、頼んでおいた強力なハンドクリームを受け取る。

「手荒れには、これが一番効くんですって」

パッケージには「尿素高配合！」とある。早々に試してみると、さすが尿素高配合だけあって、独特のアンモニア臭が漂う。しかし、カサカサだった手がすぐにしっとりと潤い、なるほど、これなら頑固な手荒れも治りそうだ。

着校以来分刻みのスケジュールで、クリームを買っている暇も、写真を撮っている暇さえもなかった私は、ここでやっと写真撮影の余裕ができた。

「どうせなら、あそこに立ってる人に撮ってもらいましょうよ」

親子三人並んで撮ろうと、母親が指差した人物は、他ならぬ第三分隊長のS本一尉だった。

「いや、お母さん。あの人は、私の分隊の分隊長なんだよ」

「あら、そうなの？　じゃあ、ご挨拶しないと」

両親が分隊長に挨拶している間、私はなんとなく近づきづらくて、遠巻きに見ていた。余計なことを喋らなければいいなと思っていたところ、案の定、余計な質問をしていた。

「うちの娘は少々おっちょこちょいなんですけど、大丈夫でしょうか？」

と、尋ねたらしい。

「で、分隊長は？」

「『大丈夫です』って」

そりゃあ、父兄に「大丈夫ですか？」と聞かれて、「ああ、駄目ですね」と答える人はいないだろう。

「あんな立派な隊長さんが大丈夫だっていうんだから、大丈夫よ」

両親はすっかり安心して、信頼し切っている様子である。

本当は全然大丈夫ではなく、先行き不安だらけなのだが、極力当たり障りのない話だけをして別れたのだった。

制服の釦《ぼたん》は正錨《まさいかり》に

それまでずっと手加減をしていたらしい赤鬼・青鬼の指導も、入校式を境に一気に解禁となった。

総員起こし時から、容赦ない怒鳴り声が響き渡り、課業整列前の服装容儀点検に至っては、点検官よりも、その周りで監視している赤鬼・青鬼のほうが恐ろしかった。

「おい！　この皺だらけのズボンは何だ！　点検官、どうしてこんな分かりやすい不備を見逃す？　お前はどこを見て点検してるんだ！」

厳しくやらねば点検官もやられる。皆やられたくないので、点検はますます厳しくなる。

ある朝、点検前に自習室で互いの服装容儀についてチェックし合っていると、第三学生隊の週番学生（主な任務は風紀の維持と防犯。一週間ごとに交代して勤務する）の方が入って来た。

第三学生隊とは、長年部隊で経験を積んだベテランの方々で構成される三尉予定者の集団で、定年退職を目前にひかえた人も多かった。

「失礼します。皆さん、皺を伸ばしたり埃を取るのも結構ですが、制服の釦《ぼたん》をご覧になって下さい。ちゃんと正錨《まさいかり》になっておられますか？」

私たちはその場で顔を見合わせた。どうやら、制服の釦一つ一つに施されている錨マークのことを指摘しているらしい。

「部隊でいろいろな幹部の方々を見て参りましたが、どんな高級幹部の方でも釦が寝錨《ねいかり》だったり、起き錨だったりバラバラなのを見ますと、がっかりいたします。精鋭なる海上自衛隊の幹部として、釦はすべて正錨に揃えていただきたい！　以上です」

その週番学生の方は、素早く去って行った。よほど釦の件を伝えたかったのだろう。言われてみれば納得だが、言われなければ、そこまで気付かなかった。皆、慌てて釦の向きを直した次第だった。

裾上げ、雑！

制服の釦《ぼたん》を正錨《まさいかり》で統一するに加えて驚いたのは、作業服にも「着こなし」があるという点だった。

ファッションショーでもするのだろうか。どんなに粋に着こなしたところで、作業服は作業服なのに。

最初は冗談かと思ったものの、S本分隊長から直々に「着こなし」の説明があり、私は感じ入った。冗談どころか、大真面目な躾《しつけ》事項の話だった。

その「着こなし」とは、以下のようなものだ。

まず、作業服上衣の裾を下衣ズボンの中に入れる際は左右の脇にタックを寄せて、前後にはなるべく皺を寄せないようにする。次に、ベルトの端は常にバックルから三センチ程度出すようにして、余った部分は潔くカットする。

つまり、ただ上衣の裾をズボンに入れてベルトでザッと締めるだけではNGなのだ。

もちろん、作業服自体にきちんとアイロンがけがしてある点は言うまでもない。

一時限目が「陸上警備」の教務のときなど、服装容儀点検は作業服姿で受けるのだが、この「着こなし」があまいと「着こなし、不備！」とやられる。作業服だからといってオチオチしてはいられなかった。

「陸上警備」の教務では、この作業服のズボンの上からさらに脚絆《きゃはん》を巻き、基本動作の訓練が行なわれた。

「気を付け」「休め」「回れ、右」「挙手の敬礼」「十度の敬礼」……等々。自衛官として必要な基本動作のすべてを最初に叩き込まれ、その後は六四式小銃を持っての「捧げ銃《つつ》」「担《にな》え銃《つつ》」といった執銃動作を身につける。

しかし、この六四式小銃は重量が約四キロあり、これをほぼ片手で持ち上げたり下ろしたりする「捧げ銃」は、私にとって苦痛でならなかった。

最初のうちはまだ良くても、後半になって来ると右腕に力が入らず、全身を使って銃を振り上げるような様相を呈してくる。身体が左右にブレるので悪い意味で目立ち、やり直しとなる。

「捧げぇぇ、銃！」

「フラフラ動くな！　やり直し！」

「捧げぇぇ、銃！」

延々と、この繰り返しである。

あるとき、WAVE寝室でこの「捧げ銃」が話題に上り、誰かが「あの号令って『裾上げぇぇ、雑！』って聞こえない？」と言い始めた。

言われてみれば、たしかにそのように聞こえるし、一度そう思い込むともう「裾上げ、雑」としか聞こえて来ない。

「陸上警備」で「捧げ銃」がかかるたびに、私は自身の作業服の雑な裾上げを指摘されているようで、ドキドキしたのだった。

ちなみに、この「捧げ銃」は銃を使った敬礼であり、観閲行進などでは必須の動作となる。

防大時代から徹底的に観閲行進の訓練をしてきた一課程学生は慣れていたかもしれないが、行進はおろか、銃に触れた経験もない二課程学生の大多数にとっては大苦戦だった。

一個小隊を動かす

やっと「捧げ銃」が終わって「担《にな》え銃」で行進の訓練に入っても、ここでまた新たな問題が発生する。

いや、もしかしたらこの問題に悩まされたのは、同じ教務班の中でも私だけだったかもしれない。

「担え銃」で銃を右肩に担い、「前へ進め」で行進を始めた瞬間、なぜか左手左足が同時に前へ出てしまう。

銃を担わず、普通に行進する分にはちゃんと右手左足、左手右足……と交互に前へ出せるのだが、銃を担った途端におかしくなる。自分で自分の身体がどのように動いているのか分からず、焦れば焦るほど、おかしな動作となっていく。

「担え銃」で六四式小銃を肩に担い赤レンガ庁舎前を行進する幹部候補生。写真はベテラン准海尉と海曹長から選抜された幹部予定者課程の第三学生隊〈雑誌「丸」提供〉

幹部候補生学校では初級幹部に必要な防衛基礎学、戦術、戦史などの座学も行なわれる。写真は航海で使用する天測用の六分儀を用いた天文航法の講義〈雑誌「丸」提供〉

「おい、時武！　手と足が一緒になってるぞ！　交互に出せ、交互に！」

わざわざ指摘していただかなくても充分に分かっていた。しかし、一度一緒に動いてしまうと、どうしても交互に動かせなくなるモドカシサ。

自分の身体さえ満足に動かせないのだから、一個小隊を動かすとなるとさらに難しい。

何回目かの「陸上警備」の教務の時間に一人ずつ号令台の上に立って号令をかけ、一個小隊にグラウンドを行進させて元の位置に戻す、という課題が与えられた。

私は最後のほうに号令台に上った記憶がある。

それまで号令官の号令通りに動くだけだったところ、立場が逆転した途端に混乱して、わけが分からなくなった。

「小隊、右向け右！」

威勢よく号令をかけたはいいが、小隊が一斉に私が考えていたのと逆方向を向いたのには焦った。

相対運動なので、右を向かせたければ「左向け左」、左を向かせたければ「右向け右」をかけねばならない。

「元へ！　小隊、左向け左！」

出だしからこんな調子で、私の小隊は右へ行ったり、左へ行ったりでなかなか元の位置に帰って来られない。

「ここ」と思った位置の手前から予令をかけて止まるので、うかうかしていると小隊はグランドを突き抜け、ズンズンと行進していってしまう。戻そうと思っても、「後ろへ進め」という号令はなく、その都度「止まれ」「回れ右」をかけねばならない。

見るに見かねた教官が「誰か助けてやれ！」と呼びかけてくれた。下手な号令でこのまま延々と行進させられては昼休みの時間がなくなると危ぶんだのだろう。小隊の中から一人の候補生が挙手して飛び出してきた。

一度航空自衛隊に入隊してから、思うところあって海上自衛隊に入隊し直した経緯のある二課程学生だった。航空自衛隊での経験があるためか、物慣れた風でしっかりした人だった。

私と替わってそのＨ候補生が号令をかけると、あら不思議。

あれほど思いのままにならなかった小隊が、みるみるうちにピタリと元の位置に帰って来た。

感心している場合ではなかったが、感心せざるをえない一幕だった。

古鷹山《ふるたかやま》登山

海上自衛隊幹部候補生学校の敷地の側には、古鷹山という標高約四〇〇メートルの山がある。

この山は旧海軍兵学校時代から生徒たちの訓練や自己鍛錬の場として用いられており、現在では、ちょっとしたハイキングコースにもなっている。

だが、候補生たちがこの山に登る場合、それは「訓練」なので「ハイキング」にはならない。登山口から頂上まで、全力で駆け上るのだ。

入校式を終えて間もない頃、候補生総員で古鷹山に登るという日課が組まれた。主旨は、「これから訓練で頻繁に駆け上る古鷹山とはどんな山なのか、まずは歩いて登ってみよう」といったところだろうか。

服装は体育服装（ジャージ上下に赤白帽着帽）で、持ち物は隊歌集（自衛隊の隊歌の歌詞や昔の軍歌の歌詞が書かれている歌集）に着替えのシャツとタオル、水筒との指定だった。

わざわざ隊歌集を持っていくのは、古鷹山山頂で隊歌を歌うためである。その歌声が下の候補生学校にまで届くと教官たちが帽子を振って答えてくれるらしい。おそらく旧海軍時代からの伝統だったのではないか。

さて、集合は第三グラウンドで、指定時刻の五分前には整列していなければならない。その日もなんだかんだと忙しく、私は隊歌集を探し出すのに手間取り、水筒の水や着替えのシャツ、タオルを用意している時間がなくなってしまった。

集合時間の五分前に遅れたら一大事。連帯責任で私の所属する第三分隊がどんな罰をくらうか分からない。

ええい、こうなったら応急処置で乗り切るしかない！

私は隊歌集だけを入れた雑嚢《ざつのう》と空の水筒をたすき掛けに掛けて、慌てて第三グラウンドに向かった。

よく晴れた、気持ちのいい日だった。赤白帽を被るのは小学生以来で若干抵抗はあったものの、みんなで被ればこわくない。雑嚢と水筒のたすき掛けも、一般社会では明らかに異様なスタイルだろうが、ここ（幹部候補生学校）では定番の長距離移動スタイルである。

辛うじて定刻の五分前にグラウンドに到着した私は、第三分隊の列の最後尾に整列した。たしか、どの分隊もＷＡＶＥは最後尾の整列だったと思う。私の前は同じＷＡＶＥのＫ野候補生で、こちらは既に早々と整列していた。

定刻になると拡声器を構えた幹事付《かんじづき》Ａ《アルファー》とＢ《ブラボー》が出て来て、グラウンドの空気は一変した。

「各分隊、整列完了したら知らせ！」

わざわざ拡声器を使う必要はないのではと思われる大音量で促され、各分隊の室長が整列完了の報告を上げていく。

まさかの持ち物点検

さあ、これでいよいよ出発かと思いきや、にわかに耳を疑うような号令が拡声器から流れた。

「ただ今から持ち物点検を行なう！」

実は幹部候補生学校でこうした持ち物点検がかかるのは決して珍しいケースではない。だが、それは後になって分かったことであり、入校式を終えたばかりのこの時点では、まだ予測不可能な事態だった。

今にして思えば、「指定された持ち物を持って行かないとどうなるの？」と、防大出身の一課程学生にでも聞いておくべきだった。

だが、それは後の祭り。小学生じゃあるまいし、立派な大人なのだから、いちいち点検なんてしないだろうという勝手な思い込みが最悪の事態を招いた。

「各分隊かかれ！」

幹事付の号令一下、各分隊の室長（一般の学校でいうクラスの学級委員）が一斉に持ち物点検を開始した。

最前列から順番に雑嚢を開いて「隊歌集、よし！　着替え、よし！　タオル、よし！」と確認している。おまけに水筒の蓋まで開けて「水、よし！」とやっている。

ああ、終わりだ……。

私の雑嚢には、隊歌集以外、着替えもタオルも入っていないし、水筒の中身に至っては空っぽである。

もう罰則は確定したようなものだ。問題は私一人の罰則で済むか、連帯責任で第三分隊総員の罰則となるか、だ。もしも、私の一人のせいで総員が罰則をくらうような展開になれば、申し訳なさ過ぎて顔向けできない。

私は祈るような気持ちで空を見上げた。恨めしいほどの青空である。

私の絶望と裏腹に、点検は確実に進んでいく。

我が第三分隊のI谷室長は特に丁寧な点検をしていたようで、やっと列の半ばまで進んだころには、既に点検の終わった分隊もちらほらと出てきた。

号令台の上の赤鬼こと幹事付Aが「終わっていない分隊は急げ！」と急かし始める。

とうとう点検官であるI谷室長が、K野候補生の一人前の点検にかかった。

I谷室長の後ろでは、青鬼こと幹事付Bがギラギラと目を光らせて見張っている。

「隊歌集、よし！　着替え、よし！　タオル、よし！」

次は水筒だ。

点検を受ける候補生が水筒の蓋を開けるのに手間取っていると、「モタモタするな！もういい！　室長、次に行け」と青鬼が吠えた。

どうやら時間がだいぶ押していたらしい。青鬼は号令台上の赤鬼に合図して、腕時計を見ながら引き揚げて行った。

この瞬間、私の胸にかすかな希望が生まれた。

何の根拠もないが、漠然と「助かるかもしれない」という予感めいた希望だった。

いよいよI谷室長がK野候補生の点検に入ったとき、号令台の上の赤鬼がカチリと拡声器のスイッチを入れた。

「第三分隊、遅いぞ！　もう切り上げろ！」

焦った様子のI谷室長はK野候補生の点検もそこそこに切り上げると、最後尾の私のほうを見て「ちゃんと持ってるな？」と聞いた。

「はい！」

私は驚くほど堂々と返事をしていた。

I谷室長は「よし」と深く頷いて号令台のほうに向き直り、「第三分隊、よろしい！」と報告を上げた。

暗闇にパーッと明るい光が差し込んだ気分だった。
助かるかもしれないという漠然とした予感は見事的中した。
一時は「終わりだ」と絶望したのに……。
嘘のような急展開に、私は出発前から胸の鼓動を抑えきれなかった。

同期の桜

着替えもタオルも持たず、空っぽの水筒をぶら下げて、古鷹山登山が始まった。駆け足で登る訓練ではないものの、山登りはやはりキツい。途中で水分補給ができないのは痛かったが、これは自業自得なので仕方がない。

せめてもの救いは、まださほど暑くない時期だった点だろう。多少汗は掻いても、着替えやタオルが必要なほどではなかった。

各分隊ごとに声をかけ合い、励まし合って頂上に着いたときには、清々しい達成感があった。

みんなで肩を抱き合い、ガッツポーズをしている写真が残っているのだが、この写真は誰のカメラで撮ったものだろうか。必要物件のほとんどを持たず、点検を奇跡的にクリアしたくせに、ちゃっかりカメラは携行していたなんて信じたくない。

頂上では、恒例の『同期の桜』を歌った。「同じ兵学校の庭に咲く」の「兵学校」の部分を「海候校《かいこうこう》」に替えての大合唱である。

眼下に見える第三グラウンドでは、残っている教官たちがゆっくりと帽子を振って答えてくれた。歌声がちゃんと届いたのだろう。

空の青さがどこまでも広がっていた。

第５章　寝室に台風、夜更けに雷撃⁉

「飛ぶベッド」と「飛ばないベッド」

「陸上警備」の教務が進み、私たち二課程学生が一通りの基本動作を身につけたころ、江田島に頻繁に台風がやって来るようになった。

台風は台風でも、寝室だけにやって来る台風である。この台風が通過すると、ベッドのシーツや毛布、マットレスや枕などが吹き飛ばされ、多くの学生はその復旧作業にてんやわんやとなる。

まったくもって迷惑な台風だが、整理整頓をモットーとする自衛隊生活において、ベッドメイキングは基本中の基本。自身のベッド一つ整然と保てないようでは自衛官として失格である。

以上のような教育方針から、ベッドメイキングが充分にできていない学生のベッドを躾のためにぶっ飛ばす教育法が編み出され、台風発生に至ったのだろう。

飛ばすのは赤鬼・青鬼こと幹事付《かんじづき》A《アルファー》とB《ブラボー》の二名。たった二名で二〇〇名ちかくのベッドを受け持つのだから、大変である。

一斉被害のときもあれば、「今日は第五分隊がやられた」というふうに局所的被害の場合もあった。

我が第三分隊の最初の被害は、一課程学生のベッドだった。当時は現在のように少人数部屋ではなく、約三〇名が寝泊まりする各分隊ごとの大部屋だったため、まずは一課程学生のベッドを見せしめのために飛ばしたのだろうか。

一課程学生に用事があって休み時間に呼びに行くと、「ああ、今、一課程はベッドが飛んで大変だから後にして」と断られた記憶がある。

ベッドが飛ぶ？　どういうこと？

頭の中が疑問符でいっぱいになったのを覚えている。

しかし、そのうちに私も被害に遭い、ようやく「ベッドが飛ぶ」意味を身をもって理解するようになった。

さらにしばらくすると、「飛ぶベッド」と「飛ばないベッド」が存在する事実が明らかとなった。

「ベッド飛び率」などという確率も計算されるようになり、私の場合は、ほぼ一〇〇パーセントに近い高確率を誇っていた。

　ではいったいどういうベッドなら、飛ばずに済むのだろうか。

　まずシーツに関しては、皺一つなくピンと張っており、マットレスに折り込む部分の折り目がきちんとしている。これが必須となる。

　特に折り目の部分は重視されるので、霧吹きと針金ハンガーを駆使して、潔く直線的なラインを作り出し、マットレスの下へと折り込んでいく。

　次に毛布に関しては、足元のほうにきっちりと畳んで積んでおくのだが、畳んだ側面がきれいな「バウムクーヘン状」になっていなくてはならない。出っ張ったり引っ込んだりギザギザな状態は失格である。

　さながら、よく切れるナイフでスパッと切り落としたバウムクーヘンの断面のごとく、美しく層を描いた畳み方が要求される。

　最後に枕だが、これもベッドや毛布の側面に対して並行もしくは直角になるように配置する。決して、ポンと投げ置いてはならない。

　以上の点をすべて満たしている状態が「飛ばないベッド」の最低条件である。

　なかなかこういうベッドには出会えないものだが、それでもどんな台風にも耐えて生き残る奇跡のベッドは存在する。私は奇跡のベッドの主に何度も教えを乞うてトライしてみたが、駄目だった。自分自身では美しく仕上がったつもりでも、飛ばす側からすると、どこかが美しくないのだろう。

こうして「飛ぶベッド」は何度でも飛び、「飛ばないベッド」は大抵飛ばずに済むという格差が生まれる。器用さや技術の問題もあるだろうが、どの程度の完璧さを追求するか、性格の問題もあるのではと思う。

ある日、「陸上警備」の教務の休み時間に、タオルか何かを取りに寝室へ戻ると、薄暗い部屋のほぼ中央部で、隊付B《たいづきブラボー》のK藤二尉が仁王立ちになって辺りを見回していた。一瞬ギョッとしたが、「どうした?」と普段通りの口調で尋ねられたので、「はい、忘れ物を取りに来ました!」と気を付けをして答えた。

「じゃあ、早く持っていきなさい」

別に怒っているふうでもないので、安心して目的の物を取り、急いで教務へと戻った。しかし、電気も点けずに、あんな薄暗い寝室でK藤二尉はいったい何をしていたのだろう。

素朴な疑問を同じ教務班のWAVEにぶつけてみたところ、「えーっ!」と大層な反響だった。

「K藤二尉が今、寝室にいるってことは、これからベッドが飛ばされるってことだよ！」

赤鬼・青鬼は男性なので、さすがにWAVE寝室には出入りできない。よって、WAVEのベッドを飛ばすのは、同じWAVEのK藤二尉の仕事である。

つまり、私はK藤二尉が「さて、これからどのベッドを飛ばそうか」と物色している最中に出くわしたのだ。貴重な瞬間といえば貴重な瞬間だが、あまりうれしくない邂逅《かいこう》だ。

あれからK藤二尉が「美しくない」ベッドを飛ばしまくる作業に入ったとして、私のベッドが飛ばずに済むわけがない。

教務が終わってビクビクしながら寝室に戻ったところ、案の定、私のベッドは無残な状態となっていた。

むべ山風を嵐といふらむ……。

まるで袈裟懸けに斬られたようにシーツが剥がされ、マットレスごとぶっ飛んでいる。

貴重な休み時間を潰して、泣く泣く復旧作業に入ったのを覚えている。

幼馴染からの手紙と差し入れ

当時はまだインターネットもスマホもない時代。メール一本で誰とでもやり取りできる今と違って、通信手段の主流は電話と手紙だった。

ちょっとPXへ日用品を買いに行くにも、下手をするとトイレに行くのもままならない窮屈な生活の中、外部から届く手紙は唯一にして最大の癒しだった。

個人宛ての郵便物は、毎日、各分隊当直学生（日直）が担当分隊の分をまとめて受領に行き、大抵は夜の自習時間前に各自の机の上に配る運びとなっていた。だから、自習室に入って自身の机の上に手紙が置かれているのを認めた瞬間、テンションが一気に上がるのである。

入校前、様々な友人に「手紙ちょうだいね」と、候補生学校の住所を渡しておいた甲斐あって、私の元には比較的頻繁に手紙が届いた。中でも、大学院に進学したKちゃんとK君のKKコンビは特に筆まめで、大学院の様子や研究内容などを詳しく綴って、私を楽しませてくれた。

そんなある日、「おい、時武。お前宛てに宅急便が届いてるから、後で自分で取りに行けよ」と、分隊当直学生から言い渡された。

郵便物は分隊当直が一括受領してくるが、宅急便となると本人が受領に行かねばならないらしい。

それにしても誰が何を送って来たのだろう。さては、両親から追加のハンドクリームでも送られて来たのかな？

あれこれ考えながら週番室に受領に行くと、「ああ、第三分隊の時武候補生ね」と、小箱に入った軽い荷物を手渡された。

差出人は幼馴染のNちゃん。江田島へと発つ日の朝、わざわざ見送りに来てくれた、あのNちゃんである。

「おおー」

私は思わず感嘆の声を上げて小箱を受領した。宛名の書かれた伝票には「お菓子・本」とある。軽く振ってみると、カサッカサッと小さな音がして、箱全体にほっこりとした温もりが感じられた。

週番室から自習室まで戻る間、私がどんなに幸せな気分だったかはいうまでもない。固い石畳の廊下をスキップでもしたい気分で歩き、自習室で急いで中身を確かめた。

私の大好物であるチョコレート菓子と流行りの曲が入ったカセットテープ（まだカセットテープの時代だった！）、それから今は亡き氷室冴子さんの『いもうと物語』という文庫本が入っていた。

どれも私が最も欲している物ばかり。どうして私の気持ちが分かったのだろう。さすがはNちゃん。

旧軍風の表現を用いるならば、Nちゃんが送って来てくれた品々は「婆婆気《しゃばけ》」たっぷりの品々といえよう。しかし、こうした「婆婆気」こそが心の糧となるわけで、それまで「娑婆気」に飢えていた私にとって、涙が出るほどありがたい物だった。チョコレート菓子はこっそり自習室の引き出しに忍ばせておき（本当はご法度なのだが……）、カセットテープは夜に寝ながらウォークマンで聴いた。『いもうと物語』は残念ながら通読できる時間がなかったが、可愛らしい表紙イラストを眺めているだけで、ほんわかとした気分になれた。

ありがとう、Nちゃん。幼馴染の温かい心遣いにジンと来た一日だった。

下宿

世間一般で「下宿」というと、親元を離れて上京してきた学生が一定期間、部屋を間借りして自活するイメージがある。

江田島の幹部候補生学校でも同様にこの「下宿」というシステム（？）があり、候補生たちは学校の外の民家に部屋を間借りして休日を過ごすことが許されていた。

基本的には候補生学校で寝起きして生活するわけだが、土日や祝日などの休日および毎週水曜日の課業終了後、外出許可が下りてからは下宿に戻って「娑婆」の生活を送れるのである。

日々、赤鬼・青鬼の監視の元、ビリビリとした緊張感溢れる生活を送る候補生たちにとって、この下宿での生活は、まさに鬼の居ぬ間の洗濯であり、貴重なリフレッシュタイムだった。

一課程学生は、防大の先輩たちからの申し継ぎがあるのか、入校前から下宿を確保していたが、多くの二課程学生は入校してからの確保となる。だいたい二、三人で一部屋をシェアするのが基本的なスタイルで、できれば同じ分隊ではなく、他分隊の者と組むのが良い、とされていた。

理由は、日々の訓練で顔を突き合わせている同分隊の者と、休日まで一緒に過ごすとなると息が詰まるからだとのこと。なるほど、と頷ける。

ＷＡＶＥの下宿探しには、各分隊長たちが大いに協力してくれた。どういうわけか、男子候補生は歓迎でもＷＡＶＥとなると渋面になる大家さんが多かったらしい。ＷＡＶＥの扱いは難しいという先入観でもあったのだろうか。

ある日、他分隊の分隊長たちによってＷＡＶＥ総員が集められ、誰と誰が組み、どの下宿に入るかの話し合いが行なわれた。

私は第六分隊のＷＡＶＥと組んで、第三分隊長が見つけてきた下宿に入ってはどうかと勧められた。

「大家さんの離れの二階で、トイレはあるけど風呂はない。でも、夏までには一階に風呂を作ってくれるそうだ」

お風呂がない点は痛かったが、候補生学校や銭湯で入浴すれば、夏まで凌げなくもない。

「はい。では、それでお願いします」

とりあえず返事をして、次の休日にその下宿を見に行く運びとなった。

先輩の置き土産に大爆笑

候補生学校の門を出てすぐ、急こう配の坂道を上り詰めた先に、件《くだん》の下宿はあった。

蜜柑の木が植えてある、昔造りの大きな家だった。庭も広くて、同じ敷地内に独立した離れが一棟、息子さん夫婦の家が一軒、母屋とつながっている離れが一棟あった。私が勧められたのは、この母屋とつながった離れのほうで、入り口は母屋の玄関とは別にあった。

ガラガラと旧式の引き戸を開けるとすぐに階段があり、上っていく途中で、なんと蓋のような戸が閉まっている。

二階の部屋に出入りするには、この階段途中の戸をいちいち開閉しなければならない。階段に戸が付いてるなんて、まるで『となりのトトロ』に出てくる家みたいだな……。

つまりはそれだけ造りが古いというわけである。

さて、その戸を開けて二階の二間続きの和室に入ってみると、掛け軸の掛けてある床の間があったり、昔ながら文机がおいてあったりと、これまたレトロ感満載のお部屋。部屋の脇の廊下を通って突き当りはコンロ一台の小さなキッチンで、その横にトイレがあった。もちろん和式で、しかも水洗式ではないトイレである。

正直、どうしようかと思ったが、まあ、これはこれで面白いかもしれないと思い直し、この部屋を借りることにした。

同じ敷地の中の独立した離れを借りたＷＡＶＥたちの部屋に遊びに行ってみると、こちらは洋式で「トトロ式」の我が下宿に比べると、ずっと近代的な作りだった。

立派なキッチンもあって、これなら本格的な料理もできそうである。おまけに食器などの台所用品から掃除用品まで、前年度の候補生の置き土産と思われる生活用品も、しっかり残っていた。

「ねえ、見て。こんなものまで残していってくれてるんだよ」

この近代的なほうの部屋を借りたＷＡＶＥが、押し入れの中から目覚まし時計らしきものを出して見せてくれた。

可愛らしくデフォルメされた「戦国武将」が馬に跨って何か叫んでいるところをプラスチックで型取ってある。ちょうど武将の被っている兜の裏にスイッチがあり、目覚ましをセットしてみると……。

のっけから勇ましい法螺貝《ほら》の音が響き渡り、「出陣じゃ。起きろ！　起きろ！」という掛け声とともに馬のいななきと蹄《ひづめ》の音が鳴り響いた。

「これ、いい！」

武将の掛け声は、毎日が戦《いくさ》である候補生学校生活に妙にマッチして聞こえた。名前も知らない前年度の候補生のナイスな置き土産に、大爆笑した次第だった。

海上自衛隊第一体操

海上自衛隊には第一から第五までの徒手体操がある。徒手体操とは、健康を確立し体力を向上させるため用具を用いないで行なう運動であり、海上自衛隊における主要な体育方法である。

中でも海上自衛隊第一体操は部隊等で最も用いられているもので、「ラジオ体操第一」によく似ている。

朝の総員起こしで飛び起きた私たちは迅速に第三グラウンドに集結して、各分隊ごとに整列。号令調整（「右向け右！」や「縦隊、前へ進め！」などの号令を各個にかけていく。声出し訓練のようなもの）や乾布摩擦（男子は上半身裸、女子はTシャツ着用で行なう）の後、一斉にこの海上自衛隊第一体操を開始する。

ラジオ体操の場合はラジオからピアノ伴奏や号令が流れたりするが、海上自衛隊幹部候補生学校ではそんなものは存在しない。

各分隊から一名、順番に「体操号令官」という当番が回って来て、これに当たった者が朝礼台の上に立ち、総員の前で号令をかけながら海上自衛隊第一体操を行なうのである。

行進の号令訓練と同様にこの体操号令官も相対運動を考慮に入れて、左右逆の動きをしなければならない。しかも、「膝を曲げ伸ばせ」から始まって、最後の「呼吸の調整」に至るまで一四種類の運動の名称と動きを順番通りにすべてマスターしていることが前提となる。

中には「体捻転斜前屈振《たいねんてんしゃぜんくっしん》」だの「腕回旋前倒前屈振《うでかいせんぜんとうぜんくっしん》」だの、海上自衛隊第一体操ならではの独特な運動があり、これは文章で説明するより、機会があれば実際に見ていただいたほうが早いだろう。動き自体はさほど難しいものではないのだが、なにぶん名称が仰々しいので、覚えるのが大変である。

少しでも間違えたりすれば、直ちに赤鬼（幹事付Ａ《かんじづきアルファ》）か青鬼（幹事付Ｂ《ブラボー》）からの雷撃を喰らう羽目になるので、号令官に当たった者のプレッシャーは相当なものだった。

誰もが「できれば一度も当たらずに卒業したい」と願う。その体操号令官に、我が第三分隊のＦ崎候補生が当たったところから悲劇（今にして思えば喜劇？）は始まった。

夜更けの雷撃

幹部候補生学校において夜の自習時間は、その日に学んだ教務の内容を復習したり、出されている課題答申の作成をしたりする重要な時間だった。それまで分かれて教務を受けていた一課程学生と二課程学生も合流して各分隊の自習室に集まるので、分隊内での伝達事項や情報交換の時間としても重要だった。

自習時間の大半が伝達事項で終わるケースもしばしばで、真の自習は延灯後（消灯時間は夜の一〇時。その後、自習時間を延長したい場合は延灯許可を貰う）からというのが通例だった。

その日も例に漏れず、延灯許可を貰って延灯していたように思う。

第一分隊の自習室からH候補生というWAVEが、第三分隊の私のところに分隊当直日誌の書き方について打ち合わせに来ていたのを覚えている。ちょうど同じ日に分隊当直に当たったので、一緒に日誌を書こうと約束していたのだろう。

日誌の内容について、あれこれ話し合っていたところ、翌日の体操号令官に当たっていたF崎候補生が、自習室の後ろで号令をかけながら海上自衛隊第一体操の練習を始めた。

「海上自衛隊第一体操！　膝を曲げ伸ばせー！」

「いちッ、にッ、さんッ、しッ！」

なにしろ第三分隊からの体操号令官第一号なので、失敗は許されないとの気負いもあったのだろう。

一人で事前練習に励む姿勢自体は立派だった。しかし、この号令に合わせて、二人、三人と体操をする者が出て来てから趣旨が違う方向へと流れ始めた。

「おい、そこは順番が違うだろ」

「動きが左右が逆になってるぞ」

親切な指摘は、やがて悪ふざけとなり、F崎候補生も悪ノリして大笑い。自習室全体が、にわかにお祭り騒ぎとなった。

「ねえ、ちょっとうるさいんじゃないの？」

いち早く危険を察知した第一分隊からのゲスト、H候補生が警告を発してくれたものの、一度盛り上がってしまった第一体操祭りは、とどまるところを知らなかった。

夜更けに響くF崎候補生の悪魔のように甲高い笑い声は周回中の青鬼に捕捉探知され、速やかに雷撃深度を取られるに至った。

「コラァァー！」

突然の後部ドアからの雷撃に、私たちは一瞬にして静まった。先ほどまであんなに賑やかだったのが、嘘のようだ。

大きく開け放された後部ドアからは、青鬼がゆっくりとした大股で入って来た。ギラギラとした目つきで、自習室の中を舐めるように見回している。

F崎候補生を含む第一体操組は、その場気を付け。その他の自習をしていた面々も姿勢を正して凍り付く。

静まり返った自習室内に、青鬼の有無を言わせぬ命令が轟いた。

「今ここで騒いでいた者たち、総員外へ出ろ！」

三G《さんジー》の亡霊の正体

こうした状況で赤鬼・青鬼から「外へ出ろ」と言い渡された場合、「外」とはすなわち「第三グラウンド」（通称「三G」）を意味する。総員起こしの後、学生たち総員が集結して体操する、広いグラウンドである。

三Gでの日中の集合はあっても、こんな夜更けの集合はまず、ない。

あるとすれば、今回のような雷撃の後の集合であり、何のための集合かといえば、罰として走らされるための集合だ。

皆、承知しているだけに足取りは重かった。しかし、迅速に集合しなければ走らされる距離がますます長くなるので、こわばった顔つきで粛々と第三グラウンドへと急いだ。第三分隊の自習室で、三分隊員が起こした不祥事だから、私たちが総員罰則をくらうのは仕方ないにしても、気の毒なのは偶々《たまたま》その場に居合わせた第一分隊のＨ候補生である。

「Ｈ候補生は違う分隊なんだから、（三Ｇに）来る必要ないよ」

再三、第一分隊の自習室に戻るように勧めたのだが、律儀なＨ候補生は「いや、私もここに居たわけだから、一緒に走るよ」と、わざわざ三Ｇまで付いてきた。

「ごめんなさい」

申し訳なさ過ぎて、まともにＨ候補生の顔が見られなかった。

昼間でも殺伐とした雰囲気の三Ｇは、夜になるとさらに殺伐とし、そこに独特のおどろおどろしさが加わっていた。

旗旒台（旗旒信号訓練用の旗を掲揚する台）のロープが風に煽られて支柱に当たり、ゴーン、ゴーンと不気味な音を立てている。

実は三Ｇには、ある伝統的な噂話があった。夜中になると、姿の見えない亡霊たちが二列縦隊を組んでザッザッザッと行進する音が響くとか、響かないとか……。（姿が見えないのになぜ二列縦隊と分かるのかは疑問だが）

ともかく、速やかに三Ｇに整列した私たちは、そこで改めて青鬼からの尋問を受けた。

「君たちはわざわざ延灯して、自習室で何をしていた！」

これに関しては誰も答えられないので、皆、黙るしかなかった。

「俺が君たちの自習室の前を通ったとき、さも楽しそうな笑い声が廊下にまで響いていたぞ。自習室とは、自習するためにあるのではないのか？　それとも君たちにとって自習とは、腹を抱えて笑うほど楽しいものなのか？」

手を後ろに組み、列の前を行ったり来たりしながら、青鬼はじわじわと私たちを責めた。

「いいか、君たちは何のためにこの幹部候補生学校に入った？　答えてみろ、H田！」

いつまでも私たちが黙っているので、青鬼はとうとう個人攻撃に入った。指名されたH田候補生は「はいッ！」と姿勢を正して答えた。

「幹部候補生になるためです！」

「そうか」

間髪入れずに青鬼が切り返す。

「では、君の目的は既に達成されたなあ？」

「はいッ！」

プツリと糸が切れたように話が途切れた。

おそらく青鬼は「立派な幹部自衛官になるためです」等の答えを期待していたのでは

ないかと思う。その答えを受けて、「自習室で騒いでいるようでは立派な幹部自衛官にはなれないぞ」と説教にもっていきたかったのだ。

だが、Ｈ田候補生が「幹部候補生になるため」と答えたおかげで、話がそこで終わってしまった。

青鬼は素早く標的を変更した。

「君はどうなんだ？　Ｎ島！」

今度こそ模範回答を期待する思いがあったのだろう。

だが、このＮ島候補生を指名した時点で青鬼の目論見《もくろみ》は大きく外れた。

「はいッ！　天皇陛下をお守りするためです！」

Ｎ島候補生の堂々とした声が夜の三Ｇに響き渡る。

ゴーン！　旗旒台のロープが大きな音を立てて支柱に当たった。私にはそれがノックアウトのゴングのように聞こえた。

一課程学生のＮ島候補生が旧海軍に憧れて防衛大学校に入ったのは有名な話で、防大時代は〝軍神〟の渾名で通っていたらしい。

それくらいの人だから、奇をてらったり、ましてやウケを狙ったりしての回答ではないと分かってはいた。しかし、この状況でまさか天皇陛下をもち出すとは……。

またもや模範回答とはかけ離れた回答を突き付けられて、青鬼も内心かなり驚いたに違いない。しかし、ここで簡単にK・O負けしないのが、青鬼のすごいところだ。

「そうか」

一呼吸置いた後、青鬼はさも何事もなかったかのように続けた。

「遅くまで自習室で騒いでいて、それで君のその崇高な目的は達成できるのか？」

「いいえ。できませんッ！」

「そうだなあ？」

さすが青鬼。見事な切り返しで体勢を取り戻すと、ようやく説教の方向に話をもっていった。

「いいか、こんな調子では、君たちは到底ライバルに勝てないぞ！」

はて？　ライバルとは？　ここで疑問が湧いたが、私は黙っていた。

「アメリカのアナポリス、イギリスのダートマス……。君たちのライバルは世界中にいる。ここ（幹部候補生学校）を卒業したら、君たちは日本の幹部自衛官として、彼らと同じ舞台で渡り合っていかなければならない。自習室で遊んでいる暇なんかないんだぞ。分かったか？　身に染みて分かるまで、グラウンドを走って来い！」

こうして、私たち第三分隊員一同と不運な第一分隊員のH候補生は、青鬼のお許しが出るまで、夜の三Gを二列縦隊でグルグルと走り続けたのだった。

今にして思えば、夜の三Gに二列縦隊を組んだ亡霊が出没するという噂話は、実は本当だったのではないだろうか。

火のないところに煙は立たない。

夜中になると私たちのように罰則を喰らって走らされる分隊があるという実話が亡霊伝説と化して、代々受け継がれてきたのではなかろうか。

後日談になるが、あのとき青鬼が口にしたライバル云々に関して疑問を抱いたのは私だけはなかった。

「いやあ、ライバルなんていうからさぁ、俺はてっきり海上保安庁と戦うのかと思ったよ。ハハハ」

笑い飛ばしたのは「幹部候補生になるためです」と答えたH田候補生である。

ちなみに、〝軍神〟N島候補生は分隊点検（学校長による、分隊の威容や服装容儀・態度・教育指導の成果・健康状況などの点検）時の試問でも「天皇陛下をお守りするためです」と答え、点検官は「分かった」の一言で通り過ぎたらしい。

指定図書『先任将校』

海上自衛隊幹部候補生学校では船乗りとしての術科を身に付けるだけでなく、幹部・指揮官としての素養を身に付ける点も重視されている。

その一環として、指定図書を読んで読後感を提出するという課題があった。指定図書は主に旧海軍を扱った書籍で、当時は松永市郎氏の『先任将校』と伊藤正徳氏の『大海軍を想う』の二冊（いずれも光人社NF文庫所収）が候補に挙がっていた。

この二冊のうち、どちらか一冊を選んで読み、読後感を書くわけだが、私が選んだのは『先任将校』だった。

先の大戦中、フィリピン沖で敵潜水艦から魚雷攻撃を受けて撃沈した軍艦「名取」の生き残り一九五名が短艇に乗り込み、一五日間にわたって漕ぎ続けた末、見事生還するという感動のノンフィクションである。

感心したのは、二七歳の先任将校の英知と英断だった。よくぞこんな極限状態で平常心を保ち、冷静な判断の元、指揮統率ができたと思う。

羅針盤などない短艇の中で、夜空の星の位置から艇位を割り出して漕ぐところなど、まさに生きた天文航法である。

卒業後の遠洋航海における天測訓練（六分儀で天体の位置を観測し、そこから自艦の艦位を計算する訓練）で苦戦した私は、この「先任将校」の偉大さをつくづく実感したものだ。

真水の管理を巡って反感を抱かれ、命を狙われながらも、決して自らの決断と意志を揺らがせなかった姿勢にも、指揮官として学ぶところが大いにあった。

この本が幹部候補生学校の指定図書となったのもうなずける。

この課題がなければ手に取る機会はなかっただろうが、名著に出遭わせてくれた幹部候補生学校に感謝したい。卒業後の部隊勤務で壁にぶつかったときも、この名著から受けた感銘が少なからず私を支えてくれたように思う。

第6章　初めての長期休暇と射撃訓練

ゴールデンウィーク

海上自衛隊幹部候補生学校に入校して約一ヵ月が過ぎ、私たちは初めての長期休暇を許可された。ゴールデンウィーク休暇である。

大抵の者はこの休暇を利用して実家に帰るため、それ以前から飛行機や新幹線の予約を取って準備していた。また、初めての長期休暇につき、学校側も各分隊長を通して、休暇中における注意事項の示達を徹底した。

今でも記憶に残っているのは、制服での外出を控える区域が存在した点である。主に東京都心部、皇居周辺は制服を着てウロウロしてはいけない、と示達された。

当時はまだ自衛官に対して反感を持つ人たちが少なくなく、「制服を着て歩いていると石をぶつけられる」といわれた時代だった。

その他の示達事項として、幹部候補生学校の電話番号を必ずメモして何かあったらすぐに連絡する点、自衛官身分証と自衛官診療証を絶対に紛失してはならない点、自衛官としてあるまじき行為の禁止などが強調された。

「ただ今から、休暇が許可される！」

毎朝の課業整列が行なわれる赤レンガ前に整列し、この号令を聞いたときは感無量だった。

普段の外出前点検に輪をかけて厳しく入念な点検の後だっただけに、「苦心して勝ち取った休暇」という達成感もあった。雄叫びこそ上がらなかったものの、皆、胸の内では拳を振り上げて「ウォーッ！」と叫んでいたにちがいない。

「以上、別れ！」

解散の号令がかかると、ここで初めて小さなどよめきが起こり、皆、一斉にそれぞれの休暇に向けて第一歩を踏み出した。

衛門前の〝もみじ饅頭〟

休暇が許されたのは、私たち第一学生隊だけではない。第二学生隊（部内から上がって来た幹部候補生の集団）、第三学生隊（長年部隊で経験を積んできた三尉予定者の集団）、同じ敷地にある第一術科学校の生徒たちも一斉に休暇となったため、江田島はにわかに帰省ラッシュとなった。

衛門前からタクシーに乗り、そのまま江田島脱出を企てる学生も多く、衛門前はタクシー待ちの学生の列ができるほどだった。

私は余裕をもって翌日に江田島を発つ予定を立てていたので、急いでいる学生たちの様子を半ば他人事のように眺めながら、ゆっくりと下宿に引き上げた。

まずは溜まった洗濯物の始末である。下宿の洗濯機を独り占めして悠々と洗濯をしていると、同部屋のＷＡＶＥがげっそりと疲れた顔で帰って来た。

「ちょっと、どうしたの？」

聞いてみると、衛門に立っている警衛海曹と戦ってきたという。休暇を前にして穏やかな話ではない。

さらに事情を尋ねると、バトルの原因はどうやら衛門の前に置かれた〝もみじ饅頭〟

の袋だという。

帰省にあたり、誰かがお土産用にPXで〝もみじ饅頭〟を購入し、それを衛門の前に置き忘れたまま、タクシーに乗り込んで帰ったらしい。

放っておけばいいといえば、それまでの話なのだが、放っておけずに衛門の警衛海曹に届けたところ、「衛門ではそんなものは預かれない」と突き返されたという。

「ずいぶん冷たいと思わない？」

憤慨した面持ちで訴えられ、そういえばと思い当たる節があった。衛門の警衛海曹の中で一人、いつも幹部候補生に対して手厳しく、あれこれ注意をしてくる人がいた。話を聞いていて、すぐにあの海曹に違いないと思った。

「それで、その〝もみじ饅頭〟はどうしたの？」

あの手厳しい警衛海曹に〝もみじ饅頭〟を届けるなんて、ずいぶんと勇気ある行動を取ったものだ。

「仕方ないから、PXに戻しに行ったけど、そこでも受け取れないっていうから、元の場所に置いてきたよ」

まあ、それが妥当だろう。仮にPXで預かってくれたとしても、忘れ物の主がわざわざPXまで〝もみじ饅頭〟を取りに帰るとは思えない。

自ら引き起こした〝もみじ饅頭〟騒動ですっかり滅入ってしまったのか、疲れ切った表情のまま、そのＷＡＶＥは帰省していった。

すぐ近くに立っているのだから、ちょっと預かってあげればいいではないかと思ったＷＡＶＥの気持ちも分からなくもない。しかし、「それは警衛の仕事ではない」と突っぱねた警衛海曹も筋は通ってはいる。

その日の夕方、なんとなく気になり、私服で衛門の前を通ったところ、件《くだん》の〝もみじ饅頭〟の手提げ袋は、ちょこんと淋し気に衛門の脇に鎮座したままだった。

その後、持ち主は現われたのだろうか。あれから二十数年経った今でも、初めての連休を前にした弾むような気持ちとともに、あの淋し気な〝もみじ饅頭〟の姿を思い出す。

帰省と受診

翌朝、満艦飾のように展開した洗濯物を取り込み、私は悠々と支度を整えて下宿を後にした。

大半の者は前日のうちに出発していたため、小用《こよう》の呉行きフェリー乗り場でも、誰も知っている顔に出会わなかった。

新幹線の広島駅で、これでもかというほど土産用の〝もみじ饅頭〟を買い込み、いざ新横浜へ。

とても寝倒せる距離ではないと思い、暇つぶしのための本なども用意していたのだが、余裕で寝倒せたのには我ながら驚いた。（途中でトイレのために起きた気はするが）

実家に着いた頃にはすっかり日も暮れ、貴重な休暇の第一日目は移動で終わった。しかし、私はそれでも満足だった。

いつ来るか分からない幹事付からの雷撃を恐れながら、一分一秒の時間に追われ、戦々恐々とした日々を送っていた身にとって、安心して寝倒せる時間があるなんて、なんという贅沢！　こんな素晴らしい時間の使い方はない。

それに、私は今回の帰省でぜひとも果たしたい希望があった。他でもない、例の原因不明の手荒れの解明及び改善である。

両親に持ってきてもらった尿素高配合のハンドクリームのおかげで一時的に良くなったものの、ついにはそのクリームさえ効かなくなり、症状は悪化の一途を辿っていた。

まるで水疱瘡のようにブツブツと水疱を伴って腫れ上がり、普通に手をグーに握ることすら苦痛で仕方がない。

厄介な病気でなければいいが……。思考は自然とネガティブな方向に向かっていく。

幹部候補生学校では、まともに受診などしている暇はないので、連休を利用して民間の病院で受診し、どうにかしてこの問題をすっきり解決したかった。

だが……。ここに一つの大きな盲点があった。大抵の病院は連休中は休診なのである。

はるばる広島から、受診のために新幹線に乗ってきたようなものなのに。

がっかりする私に、実家の両親から「あそこなら、やってるよ」と、近所の小さな皮膚科を紹介された。

皮膚科か……。ネガティブな思考で膨れ上がっていた私の頭の中は「これはもはや皮膚科で手に負える病気ではない」の域まで達していた。

しかし、皮膚科しかやっていないのならば仕方がない。

よし、行こう。初めて使う自衛官診療証を持って、私はその皮膚科へと向かった。

謎の手荒れの正体は……

「とにかく、ぶっきらぼうなお医者さんで、評判はあまり良くないから気をつけなさいよ」

家を出るときに注意されたが、具体的に何に気をつければよいのか分からない。

まあ、ぶっきらぼうだろうが何であろうが、こちらとしては適切な診断をして適切な処置さえしていただければよい。

あまり過度な期待は抱かずに門を潜ったところ、中には患者が誰もおらず、私は待ったなしで診察室の中に呼ばれた。

耳鼻科と皮膚科はいつも混んでいるものというイメージのあった私は、ここで少し不安を覚えた。

誰も患者がいないなんて、やはり評判が悪いのだろうか。腕は確かなのだろうか。

ほどなくして、当時で六〇歳代から七〇歳代くらいの、気難しい感じのおじいちゃん先生がパタパタとスリッパを鳴らして出て来た。

診察席にドサリと腰を下ろし、「どうしました？」と、いかにもぞんざいな口ぶりで聞く。

私は腫れ上がった両手を見せながら、これまでの症状を訴えた。

「ふうん、で、あなた、何の仕事してるの？」

幹部候補生学校の学生だと説明するのも面倒なので、「主に掃除ですね」と答えておいた。これはあながち嘘ではない。幹部候補生学校の日課において、甲板掃除の占める割合は非常に大きかった。

「へええ、どこを掃除してるの？」

「外です」

「たとえば、桜の木の下とか？」

「えっ、どうして分かるんですか？」

気難しいおじいちゃんを装いながら、この先生は実は透視能力のある超能力者なのではないかと思った。

おじいちゃん先生は、カッと口を開いて笑った。

「まあ、桜の木の下には何がいるかということをよく考えてみなさいよ」

そこで、アッと思いついた。そうか、毛虫！

「でも、私、毛虫を触った覚えはないんですけど」

「毛虫を触ってなくても、毛虫の毛がいっぱい落ちてるから、それにかぶれたんでしょう。ちゃんと手袋して掃除しなくちゃ駄目」

たしかに軍手を忘れて、素手で掃除をした例が何回かあった。

原因不明の手荒れの正体は、なんと毛虫による〝かぶれ〟だった。皮膚科で手に負えないどころか、充分に皮膚科で事足りる症例である。

あまりに呆気ない結末に、私は「一本取られた」気分だった。

「本当にありがとうございました」

塗り薬を処方してもらって帰ろうとしたところ、「ちょっと待ちなさい」と引き留められた。

入校以来悩まされてきた手荒れの原因さえ分かれば、もう用はない。しかし、おじいちゃん先生は奥の部屋から、たくさんの本を出してきて、いろいろと説明を始めた。

毛虫かぶれとは全く関係のない、柿本人麻呂の和歌の話である。

この和歌の研究が、おじいちゃん先生の趣味らしく、やたらと詳しい。しかも、この和歌は暗号になっているとか、旧海軍の暗号書と関係があるとか、話は壮大なスケールで展開されていく。

ぶっきらぼうだなんてとんでもない。とても話好きな先生で、他に患者がいないのを良いことに、延々と和歌と旧海軍の話が続いた。

なかなか興味深い話ではあったが、なぜ私にそんな話をするのかが分からない。

小一時間ほどして、ようやく解放された。

「じゃ、あなた、しっかり薬を塗って、掃除をしっかり頑張りなさいよ」

笑顔で送り出され、不可解な気分のまま帰宅した。

手荒れの原因は毛虫だったと説明し、ずっと和歌と旧海軍の話をされたと家族に話すと、「ああ、あの先生は昔、海軍の軍医さんだったから」との答えが返ってきた。

「旧海軍と海上自衛隊だから、気が合ったんじゃないの？」

なるほど、と合点がいった。でも、私は自分が海上自衛官だなんて一言も言ってないぞ。

あれこれ考えて、ふと思いついた。そうだ、自衛官診療証！

自衛官診療証とは、一般社会でいうところの「保険証」である。自衛官は部隊内にある病院や診療所で受診するのが一般的だが、外部の病院で受診する際は、この自衛官診

療証を提示する。（ちなみに、自衛官の家族は「共済組合員証」というものを交付されており、受診の際は、これを提示する）
私が提示した自衛官診療証に、私の身分と幹部候補生学校の名前がしっかり書いてあったから、あの先生は海軍つながりで私に親近感を持ったのかもしれない。
反感を持たれるから制服で出歩くなと示達されているのに、自衛官診療証で親近感を持たれるとは……。
意外な展開ではあったが、ずっと悩まされてきた手荒れ問題が解決して、私は一安心したのだった。

ブキコ前集合

さて、連休が明けて戻ると、最初の大きな実技試験が待っていた。射撃試験である。

海上自衛隊幹部候補生学校では、六四式七・六二ミリ小銃（以下「六四式小銃」）と九ミリ拳銃が必修であり、「陸上警備」の教務はひとまず、この二種類の銃の射撃試験で締め括られるといってよかった。

試験とはいえ実弾を撃つので、銃の事前整備が行き届いていないと、最悪の場合は暴発したりして非常に危険である。学校側では各分隊の武器係の統制の元、「武器手入れ」という時間を設けて、定期的な銃の整備を徹底していた。

「本日、武器手入れを行なう。甲板掃除後に武器庫前集合！」

武器係から最初の示達があったとき、私はこの「武器庫」の意味がよく分からなかった。文字通り、小銃や拳銃などの武器が収めてある倉庫のことなのだが、頭の中でなぜかカタカナの「ブキコ」に変換され、これは何かのコードネームかと思ったくらいだった。

そんな調子なので、武器の手入れもあやふやで、自分が分解して組み立てた銃にだけは当たりたくないと思ったものだった。

実際のところ、九ミリ拳銃はともかく、六四式小銃は当たり外れがあったようで、性能の良いものに当たると点数が良くなると信じられていた。

そうこうしているうちに、いよいよ本番の射撃試験の日がやって来た。

小銃射撃

射撃試験当日、いつもの作業服に脚絆を巻いて、六四式小銃を携えた私たちは、OD色に塗られたトラックの荷台に乗せられ、射撃試験場まで運ばれていった。

まるで『ドナドナ』の歌に出てくる〝市場に売られる子牛〟状態である。荷台とはいっても、一応は長椅子が用意されていて、日よけ用の幌が掛かっていた。しかし、鉄パイプに木板が打ち付けてあるだけの、クッションも何もない長椅子なので、トラックが揺れるたびにお尻が痛かった。決して楽しい行程ではない。

終始無言のまま試験場に着き、黙々と整列した私たちは、教官たちから達せられる試験前の注意事項を静聴した。

自衛隊における武器の保有は、自衛隊法第八七条に定められており、使用に関しては第九五条に定められている。人に向けて構えただけで〝使用〟とみなされるから気を付けるようにとのことだった。当たり前だが、おもちゃの鉄砲や拳銃とは違う。

実施される試験は、六四式小銃と九ミリ拳銃の二種類。六四式小銃は二〇〇ヤードの距離からの伏射《ねう》ちで、九ミリ拳銃は一五ヤード、二五ヤードの距離からの立ち射ちである。

最初は六四式小銃の試験で、私は前半組に当たった。候補生学校を卒業して幹部自衛官になると専ら拳銃を射つので、小銃射撃の試験はこれが最初で最後の試験となる。

「第一回射撃用意」

「射撃位置につけ！」

まず自身の撃つ的を確認したところ、目のくらむような思いがした。

えぇっ、こんな遠い所から撃つの？　ホントに当たるんだろうか？

二〇〇ヤードをメートルに換算すると、約一八〇メートルである。

大学時代に打ち込んできたアーチェリーの競技では、三〇メートルの距離と五〇メートルの距離から射るのが一般的だったので、こんな遠方から的を狙うこと自体、私にとってはアンビリーバボーな事態だった。

当時の私の視力は裸眼で〇・八くらい。ようやく的が見えるといったレベルで、乱視のため的の輪郭はぼやけていた。それでもメガネはかけずに無謀な強気で射撃に臨んだ。

「前面の標的。伏射ち！」

候補生学校で習ったとおりに銃と身体との角度を約四〇度に取りながら腹ばいになり、両肘を立てて六四式小銃を構える。

「距離二〇〇《ふたひやく》！」

照門を起こして照準具を調定。

「弾《たま》こめ！」

引き金のちょうど上の部分にある切り替え軸部を「ア」の位置に合わせて安全装置をかけてから弾倉を装てんする。

ちなみにこの切り替え軸部にはカタカナで「ア」「タ」「レ」の三文字が刻まれている。「ア」は安全装置、「タ」は単発、「レ」は連発の略で、三文字つなげて「アタレ（当たれ）」となっているところがニクい。

「零点規正《ぜろてんきせい》三発！」

零点規正とは試し射ちのようなもので、この弾着痕から偏差量を修正することができる。たとえば、弾着が的の右に偏っているのであれば、照門を左へ動かして弾着を左のほうに修正すればよい。

「射ち方始め！」

安全装置を解き、いよいよ射撃を開始する。

ダーン！　ダーン！　ダーン！

結構な音が響き、全身に衝撃が伝わる。だが、正直なところ、本当に自分が発砲したのだという実感は少なかった。「思ったより呆気ないな」という印象である。

的が遠すぎて、当たっているのか当たっていないのかよく分からないせいかもしれなかった。

実際のところ、私は自身の的の弾着痕をよく確認できなかった。

そういうときのためにスコープが用意されているのだが、いざ覗いてみると、倍率が大きすぎて自分がどの的を見ているのか分からない有様。

「今、見えているこの標的は、たしかに私が射った的なんですかね？」などとバカな質問はできないし……。

結局、自分の標的なのか、隣の人の標的なのか判別がつかないまま、修正の時間は終了となった。

肝心の弾着痕が分からなければ修正のしようがないので、せっかくの零点規正も私には意味をなさなかった。大胆にも無修正のまま、本番の射撃に臨んだ。

充分に的を狙って引き金を引いたものの、相変わらず実感は少ない。

ダーン！　ダーン！　ダーン！

当たっているのかいないのか……。発砲音だけが立派に響いて「射ち方やめ」となった。

こんな調子でいいのだろうか。

私はなんとも腑に落ちない気分のまま、自身の六四式小銃に再び安全装置をかけた。

標的下で採点記録

さて、今度は射撃員と監視員が入れ替わり、私は標的の下の監視エリアに入って待機した。

こういう書き方をすると、「標的の下で待機？　なんて危険な所で待機するんだ！」と思われるかもしれない。実際、当時の私も「監視員は標的の下で待機！」と指示されて、標的の真下に磔《はりつけ》にされている自身の姿を想像し、ゾッとした。

しかし、そんな恐ろしい待機があるわけがない。射撃試験場の施設には、標的の下に潜れる塹壕のようなエリアが設けられており、監視員はそこで担当する標的の監視をする。

射線から見るとあんなに小さく見えた標的が、こうして真下から見上げると非常に大きな標的に見える。

さて、後半組の射撃が開始されると、真上に並んだ標的に次々と穴が開き始めた。弾着痕である。

真ん中に集中している標的もあれば、思い思いの箇所に散って、てんでまとまりのないものもあった。

中にはまっさらなままという標的もあり、さすがにこれは目立った。

「この標的の人、欠席なのかな？」

隣で採点をしている同じ分隊の候補生に尋ねてみた。

「いや、違うだろ。射《う》ったけど、まったく当たってないんだよ」

「そういう場合は、どういうふうに採点すればいいのかな？」

「『弾着痕不明』って書くしかない」

端的な答えが返って来た。弾着痕不明……。つまり、得点は零点だ。

この標的の人は、いったいどこを狙って発砲したのだろうか。

いやな予感がした。まさかとは思うが、私の標的もこのまっさらな「弾着痕不明」のクチだったのではないだろうか。

いや、そんなはずはない。私は自身に言い聞かせた。

拳銃射撃

小銃射撃の後は、九ミリ拳銃の射撃である。

こちらは一五ヤード（約一四メートル）と二五ヤード（約二三メートル）の距離からなので、まだ実感が湧いた。

これならスコープを使わなくても、自分の目で弾着痕が確認できる。

射ち方はかがみ射ち、両手かがみ射ち、ひざ射ちなどがあり、私たちが教務で習ったのは立ち射ちだった。

足を肩幅に開いて、標的に対して約四五度の角度で立ち、そのまま片手で標的に向かってまっすぐに拳銃を構える。手首を固定して射ち、発射の反動は肩で受け、手首やひじの状態を変えないようにする。……と、書くのは簡単だが、実際の射撃はそう簡単なものではない。

少なくとも私にとっては発射の反動がものすごくて、とても「手首やひじの状態を変えない」でいられるものではなかった。

よく刑事ドラマなどで、細身の女性刑事が、あり得ないような体勢からバーン、バーンとカッコ良く発砲するが、あのイメージでやろうとすると（実際、すっかりその気になっていたのだが……）大きな間違いである。

とにかく、一発射つごとに衝撃で手首が跳ね上がるように踊り、どうにも抑えられない。いくら標的を狙ったところで、手首が固定できていないのだから、なかなかまともに弾が当たらない。

嘘でしょ？　冗談でしょ？

焦るばかりで、得点は惨憺たるものだった。

これは今になって思うのだが、筋力が弱くて手首を固定できない人は立ち射ちではなく、両手かがみ射ちのほうがよいのではないだろうか。

あの時、両手かがみ射ちで射っていれば、もう少しまともな点数が取れたかもしれない……。などと言い訳を考えている今日この頃である。

「分隊長通報」と「欠点」

幹部候補生学校で勉強して身に付けなくてはならない教務は、多岐にわたって膨大である。

艦艇関係の教務だけでも一〇科目を超え、さらに航空機関係、潜水艦関係、一般勤務関係、経理・補給関係、法規関係、指揮統率関係、語学関係……と、数え上げればキリがない。しかも、それぞれの教務に試験があるので、ほぼ毎日が試験対策となる。中学・高校時代の定期テスト一週間前の状態が毎日続くイメージ、と表現したらよいだろうか。

恐ろしいことに、すべての試験において一定の水準に満たない点数を取ってしまうと、さらなるペナルティが課せられる。それが、「分隊長通報」と「欠点」である。

分隊長通報は満点の七割に満たない点数を取ると該当し、その教務担当の教官から該当学生の所属する分隊長に通報される。その後、該当学生は分隊長から呼び出され、個人的に注意されるという流れである。

欠点は満点の六割に満たない点数で該当し、分隊長に通報されるのはもちろん、さらに追試が課せられる。

ただでさえ忙しい毎日の日課に分隊長通報やら追試やらが加わると、その分の時間を無理矢理どこかから捻出せねばならず、非常に苦しい展開となる。

私の場合、記念すべき最初の分隊長通報は射撃試験だった。掲示板に略語で「第三分隊時武、第三分隊長のところまで来い」というマークが書かれるのである。

わざわざ「分隊長通報」とは書かれないものの、だいたい何の件で呼び出されているのか察しはつく。

観念して服装容儀を整え、第三分隊長のS本一尉の元へ向かった。

入室要領

S本一尉は第一学生隊の隊長と同じ部屋にいて、そこに入室するには所定の入室要領が必須だった。

一般の学校の職員室に「失礼しまーす」と挨拶して出入りするのとはわけが違う。

まずはドアをノックするところから始まって、ドアの開け閉め、要件を伝える口上、すべてが厳しい目でチェックされる。

私の場合、ドアの開け閉めの段階からして見事に不合格だった。

ドアを開けて入るところまではよいとしても、その後、回れ右をして制帽を小脇に挟んでドアを閉め、閉めた後にまた回れ右をして向き直るところがイケていなかったらしい。

「時武、お前の回れ右は明らかにおかしい。もう一度、ドアを開けるところからやり直せ！」

S本一尉に一喝され、せっかく入ったドアから、また外に出る。

災いの元は制帽だった。制帽さえなければ普通に回れ右ができるのだが、これを脱いで片手に持つという応用が加わると、そこに気を取られてバランスよく回転できない。

「お前の回れ右はまだまだおかしい。鏡の前で練習してから入って来い！」

再び外に出され、今度は通路の突き当たりにある等身大の鏡の前で〝回れ右〟の練習である。

通りすがりの候補生たちが「あいつ何やってんだ？」と言わんばかりの不思議そうな目で私を見る。

ようし、そろそろいいだろう。

自主練習の後、私は三度目の正直でドアをノックした。ふと見上げれば、ドアの横には帽子掛け用のフックがズラリと並んでいる。

いっそのこと、あの中のどれかにこの制帽を引っ掛けてから入れば楽なんだけどなあ。

外では着帽、室内では脱帽が原則の自衛隊では、食堂の入り口にも帽子掛け用のフックが並んでいる。だが、第一学生隊長がいるような部屋の帽子掛けに、一候補生にすぎない私が食堂の帽子掛けに帽子を掛けるノリで自身の制帽を引っ掛けるわけにはいかない。

ここはグッとこらえてドアを開け、脱帽して回れ右。ドアを閉めてまた回れ右。

「第三分隊時武候補生、第三分隊長に用件があって参りました！」

「よし！」

やった！　私は心の中でガッツポーズをした。

入室を許可されるまで、クルクルと何回旋回しただろうか。バレリーナも顔負けである。

やっと第三分隊長S本一尉の机の前まで進むと、呼び出された理由はやはり射撃試験の分隊長通報だった。

「ほとんど当たってないじゃないか。ちゃんと狙って射ったのか？」

「はい。狙いましたが、標的が遠すぎて当たっているのかいないのか分かりませんでした」

正直なところを述べると、「遠いか？」と、S本一尉は怪訝そうな顔をした。

なんと分隊長通報だったのは拳銃射撃のほうだけで、小銃射撃のほうはさほど悪くなかった。よほど性能の良い小銃に当たったらしい。

てっきり弾着痕不明で零点だと思っていたので、私は逆に驚いた。

「そこそこ当たってたんですね！」

「いや、どう見ても『そこそこ当たっている』点数ではないぞ」

S本一尉は拳銃射撃のほうの成績表を指し、幹部になったら拳銃射撃は必須だからこんな調子では駄目だとクギを刺した。

「分かったら帰っていいぞ」

予想外にあっさりと帰されて気が抜けたのだろうか。退室時の回れ右で、私はまた「やり直し」をくらう羽目になった。まったくもって油断大敵である。

ドアの前でクルクルとバレリーナのように旋回を繰り返し、私はやっとの思いで退室した。

第7章　艇長の舵さばき

ケッサク？　傑作？　結索

射撃試験に前後して、幹部候補生学校では「結索」の教務がスタートしていた。「射撃」や「陸上警備」はどちらかというと陸上色の強い教務だったが、この「結索」あたりから、いよいよ本来の海上色が濃くなっていく。

「結索」の教務の第一日目は気持ちよく晴れた日で、集合場所の第一グラウンドの芝生も青々と美しかった。

第三グラウンドが「三G《さんジー》」と略称されるのと同様、第一グラウンドも「一G《いちジー》」と略称されていた。

三Gが裏庭的なイメージであるとすれば、一Gはまさに表の庭。江田島の象徴である赤レンガの正面に面し、表桟橋や短艇ダビットにも続く広大なグラウンドである。

赤レンガとともに写った写真が絵葉書になっているので、「ああ、あのグラウンドね」とピンと来られる方も多いと思う。

さて、一Gに集合した私たちがまず目にしたものは、芝生の上に張られた白い索だった。正確に表現すれば、芝生の上に等間隔で杭が打ってあり、その杭に索が渡してある状態である。

「ケッサク」の意味をよく摑めておらず、頭の中で「傑作」と漢字変換していた私は、「これからいったい何が始まるのだろう」と、いろんな意味でワクワクしたのを覚えている。

芝生の上では、私たちと同じく作業服姿の小柄な教官が先に来て待ち構えていた。

しかし、初対面のうえに、あまりに小柄で目立たず、最初はこの人物が教官とは分からなかった。

「おい、いつまで待たせるんだ。早くしろ！」

責め立てられてやっと教務班当直が教官と気付き、号令をかけた。

「気を付け！　敬礼！」

号令による挨拶もそこそこに、早速に教官の自己紹介が始まった。

「索を握って三〇年！　結索の教務を担当するS口准尉である！」

S口准尉はいかにも古参の船乗りといった体《てい》で、芝生の上よりも荒波の上のほうが似合う海の男だった。

なんとなく演歌歌手の北島三郎を彷彿とさせる風貌に加えて、口上もどこか芝居がかっていて面白い。

決して笑う場面ではないのだが、私は下を向いて笑いをかみ殺すのに苦労した。

必修「もやい結び」

「結索は船乗りの基本！　索の一本も結べないようでは、船乗りとして非常に恥ずかしい！」

S口准尉によって、索に対する心構えが滔々と説かれた後、いざ実演指導が始まった。

まずはS口准尉が結び方を説明しながら索を手に取って実演し、私たちがその後に続いて索を結んでいく。

一通りの結び方を覚えたら、あとはS口准尉が呼称した結び方を制限時間以内に結んでいくのである。

「ひとえ結び！」

ピッと笛を吹かれたら、直ちに「ひとえ結び！」と復唱して、目の前の杭にかかっている索を結んでいく。

「とめ結び」「ひとえつなぎ」「ふたえつなぎ」……。

この辺りまでは、どうにかついて行けたものの、難関は「もやい結び」だった。

「もやい結び」は船を岸につないでおくときなどに用いられる結び方で、一度結べば固く締まって解けにくい点が最大の特長である。

船乗りだけではなく、登山者や消防署の方々の間でも広く用いられ、「結びの王」と呼ばれるほど重要で万能な結び方らしい。

かなり古い時代から存在していたようで、なんと紀元前一二〇〇年頃に沈没したと考えられるケープ・ゲラドニャ沈没船の中からも、もやい結びが施されたロープが発見されたという（ランドール・ササキ『沈没船が教える世界史』メディアファクトリー新書、参照）。

どんな結び方かを文章で説明するのは難しい。だが、私の主観によれば、結び目全体の形が落花生の殻やひょうたんに似ていなくもない。

「もやい結びなんぞ片手でもできるし、目を瞑《つぶ》っていてもできるというくらいになって貰わんと困る！」

と、Ｓ口准尉は仰るのだが、私は到底そのレベルまでたどり着けそうになかった。

索の端に一つの輪を作り、その輪の中にもう一方の索の端を複雑に通していくうち、途中でわけが分からなくなってお手上げとなる。

それらしい結び目ができても「これは違う！」と失格になる。

結局、教務時間中にはマスターできずに、自習室でも自主練習に励む羽目となった。

当時は、自習中休みの時間にも「結索訓練」があり、中庭の自販機コーナーの側でひたすらもやい結びをやらされたものだが、あの伝統は今でも残っているのだろうか。

この文章を書きながら懐かしくなり、久しぶりにもやい結びに挑戦してみたが、残念ながら結び方をすっかり忘れていた。

「何をしよるか。情けないぞ、時武！」

S口准尉の嘆きが聞こえてきそうである。

短艇競技に向けて

海上自衛隊幹部候補生学校のカリキュラムの中には、分隊対抗競技というものがある。

これは訓練の一環として行なわれる競技で、競うことによって分隊員同士の結束を強めたり、体力増強や士気の向上を図ったりするものである。

数ある分隊対抗競技の中で、最初に行なわれたのは短艇競技だった。

岸壁のダビットに吊ってある短艇を降下して乗り込み、とう漕（櫂《かい》で漕ぐこと）によって沖のブイを回って帰投する一連の流れの早さと正確さを競うもので、最初の分隊対抗競技だけに、どの分隊も勝つ意欲に燃えていた。

　各分隊ごと短艇係を中心に作戦を立てて練習に励むわけだが、我が第三分隊の短艇係は防大短艇委員会出身のＮ島候補生だった。

　例の夜更けの三Ｇ集合時、青鬼に幹部候補生学校に入った目的を尋ねられて「天皇陛下をお守りするためですッ」と答えた、あの〝軍神〟Ｎ島候補生である。

　防大短艇委員会といえば、厳しい上下関係と激しい練習で有名なところ。そこで鍛え上げた短艇スピリットに加え、持ち前の軍神気質も相まって、Ｎ島候補生の燃え方はハンパではなかった。

　とう漕の練習時、艇の推進力になっていない漕ぎ手の背中を容赦なく蹴り上げるなど、猛烈な熱血指導が続いた。

　私も「女だからって手加減しねえからな！」と一喝され、震え上がったのを覚えている。

　とはいえ、男子候補生に比べて体力的に劣るＷＡＶＥは漕ぎ手には向かないと判断されたのだろう。第三分隊の紅二点である私とＫ野候補生は、それぞれＡ《アルファー》艇とＢ《ブラボー》艇の艇長に任命された。

艇長とはすなわち〝舵取り〟だ。

短艇の後部に座って梶棒を握り、舵を切るのが仕事なので、漕がずに済む。

一見〝座ってるだけ〟で、非常に楽な配置に映る。

しかし！　いざ艇長の座についてみると、この配置はいろんな意味で非常に〝風当たりが強い〟配置だった。

女性艇長への風当たり

ここで大まかに、短艇における艇員の配置を説明しておく。

まず、「奇数は右舷、偶数は左舷」という大原則に従って、艇首から順番に一番から一二番までの漕ぎ手たちが漕ぎ手座に着く。予備員がいる場合は、その後ろに座り、艇長と艇指揮はさらにその後ろに着く。

艇長は座って舵を切るのが一般的だが、艇指揮は大抵立っていて、艇内を見回しながら号令をかける。

次に漕ぎ方について。漕ぎ手たちは櫂座と呼ばれるところから櫂を舷外に出して漕ぐ。この櫂は全長二メートルほどもあり、かなり重い。

両手でかじりつくように櫂の柄と握手を握り、水かきの部分で水を捉えたら、あとは全身の体重を櫂に載せて漕ぐ。

身体は自然と海老反りになって浮き上がり、水を掻き終えると同時に漕ぎ手座に激しく臀部が当たるので、よく〝ケツの皮が剥ける〟現象が発生する。

ＷＡＶＥから生理用のナプキンを分けて貰い、それをお尻に当てて漕いだというエピソードが巷に流れているらしいが、私の場合、分け与えた経験はなく、また、そのような依頼も来なかった。艇長の役得で、自身の〝ケツの皮〟も安泰だった。

しかし、漕ぎ手たちが艇尾の方向を向いて漕ぐため、艇首の方向を向いて舵を切る私と必然的に向き合う形となり、この体勢が私には結構キツかった。

艇首から来る風当たりもさることながら、漕ぎ手たちの苦悶の表情を目の当たりしなければならない。

しかも、皆激しいという漕で気が立っているため、その殺気めいた苛立ちの矢が私に向かって一斉に飛んで来る（気がする）。そういう意味での〝風当たり〟が強いのである。

皆、紳士なので何も言わないが、目は口ほどに物を言う。

一人だけ漕がずに座ってて、いい身分だよな！

苦痛に満ちた非難の目が矢のように突き刺さって痛い。

いたたまれないとは、こういう状態をいうのだろう。

「せっかく紅一点で座ってるんだからさ、黙ってないで『みんな、頑張ってテ♡』とか

『あともう少しヨ♡』みたいな、そういう可憐な掛け声をかけてくれよ」

「そうそう。漕ぎ手としては『よし、やるぜ！』っていう気分を盛り上げてくれるような応援が欲しいわけ」

「せめて、ブイまであとどれくらいあるのか知らせてくれ。できれば可愛らしく……」

練習の後で具体的な要望も次々と寄せられ、私は大いに反省した。

しかし私の場合、「可愛らしく」という路線は非常にハードルが高かった。頑張れば頑張るほど、逆に「面白い」路線を走ってしまう。

せめて「真面目」にやろうと思い立ち、残りの距離があとどれくらいなのか逐一知らせる方針を取った。

漕ぎ手たちは進行方向に背を向けて漕いでいるため、回頭ポイントであるブイまでの距離が摑めない。

同様に、回頭した後、ゴールである岸壁までの距離も摑めないのだ。

これではやる気が殺《そ》がれるのも無理はない。

「ブイまであと五〇！　もう一息！」

「回頭二艇身前《ていしん》！　あともう少し。頑張れ！」

具体的に距離をコールするようにしてから、漕ぎ手たちの表情が明らかに変わってきた。

誰でも終わりの見えない苦痛は耐えがたいが、ゴールが見えてくれば、俄然、闘志が湧いてくる。

声掛け一つで士気は上がるものなのだなあと痛感した次第だった。

舵取りの難しさ

たしかに声掛けは大事なのだが、艇長の仕事のメインはやはり舵取り。ブイに向かって進んでいるからといって、ブイだけを見つめていたのでは駄目である。

前方のブイと後方のダビットの位置を常に確認して、両者の見通し線上を進むように舵を取っていかなければならない。

一点だけを見ていたのでは、まっすぐに進んでいるつもりでも、大きく斜めにコースを外れていたりするから要注意だ。

できれば、ブイとダビットの他に、もう一点ほど目印になる目標を定めておくとよいのだが、私はブイとダビットの二点目標で精一杯だった。

充分に気を付けて見通し線上を進んできたつもりでも、いざブイを回頭してみると、「あれ?」と慌てるケースは多い。出発してきたダビットがどのダビットだったか分からなくなるのだ。慌てて端から「一、二、三……」と数えて確認をする。

さらに、緊張するのは岸壁への達着である。

教範には、岸壁に対して四五度の角度で侵入し、三艇身前くらいから舵を目一杯に切って、艇を横付けする……などと書かれているが、実際は、なかなかうまくいかない。そのときの潮の様子や艇の行き脚《あし》（勢い）などで舵を切る位置は変わってくる。あまり早く切ると、艇が岸壁から離れすぎてしまって、前部員が身を乗り出し、爪竿《つめざお》で岸壁まで艇を引き寄せなければならない。

逆に切るのが遅すぎると、艇が横付けできず、そのまま突っ込んで岸壁に激突する。漕ぎ手たちは一刻も早く岸壁に着きたいところだろうが、岸壁が近づいてくるにつれ、艇長である私の緊張は最高潮に高まる。イメージとしては縦列駐車に近いだろうか。それもバックからではなく、正面からの縦列駐車だ。

教習所の仮免許試験の時でさえ、ポールにぶつかって不合格となった私が、短艇で正面から縦列駐車に挑むのだから恐ろしい。

当初は慎重に舵を切りすぎ、岸壁との距離が開きすぎて、爪竿を構えた前部員に大活躍してもらった。

しかし、前部員が活躍するくらいのほうが安全なのである。

一度、猛烈な行き脚がついた艇を横付けするにあたって失敗した。

かなり手前の段階で舵を切ったにもかかわらず、行き脚が強すぎて舵が効かなかったのだ。

通常は片手で動かせる舵棒を両手で摑み、全身の力を込めて舵を切ったのだが、間に合わなかった。

艇は斜めに突っ込んで岸壁に激突し、前部員たちは爪竿を構えたまま衝撃で飛び上がった。

おまけに衝突によって剥げた外舷の塗装を分隊作業で塗り直さねばならない羽目になり、私が大顰蹙《だいひんしゅく》をかったのは言うまでもない。

本番の短艇競技でこんな失敗をしたら、今後、第三分隊での私の立場はない。

艇長としてのプレッシャーが高まる中、短艇競技に向けて〝軍神〟N島候補生の指揮の下、第三分隊のテンションはますます盛り上がっていったのだった。

捜探偵？　走短艇？　総短艇《そうたんてい》

初めての分隊対抗競技である短艇競技の話の前に、もう一つ。総短艇の話をしておきたい。

同じ分隊対抗競技の一つなのだが、予め日取りが決まっている短艇競技と異なり、総短艇は、いつ発動されるか分からないところがミソである。

それもそのはず。総短艇の元来の趣旨が「不意の戦闘」なのだから。

卒業までに何度もかかる総短艇は、江田島を象徴する訓練の一つなのではないかと思う。

しかし、最初に聞いたときは「え？　ソータンテー？　何それ？」と、よくイメージできなかった。

例によって頭の中でとんちんかんに「捜探偵」と漢字変換され、どうやら「探偵」ではなく「短艇」らしいと分かってからも、しばらくは「走短艇」だと思っていた。正しくは「総短艇」である。捜索する探偵ではなく、走る短艇でもない。

総短艇が発動されると、指定された学生隊の学生たちは、総員が全力ダッシュで岸壁のダビットに集結する。それから、架台に吊ってある短艇を迅速に降下し、艇に乗り込んで、また全力のとう漕により、五〇〇メートルほど沖のブイを回頭して帰投する。

これら一連の流れの早さと正確さを分隊ごとに競う戦闘訓練なのである。

「捜探偵」は論外としても、初動の全力ダッシュから「走短艇」をイメージしても当たらずしも遠からず。

だが、あくまでもメインは「とう漕」である。それも全力ダッシュの直後なので、身体にかかる負荷は相当に大きい。

さらに、総短艇は早朝に発動されるケースが多く、前述したような猛烈な運動量を、ほぼ起き抜けの状態でこなさねばならない。

まさに、「朝飯前の戦闘」だった。

「学生隊、待て！」が開始の合図

初めて総短艇が発動された日のことはよく覚えている。

五月くらいだったのではないだろうか。まだ暑くもなく、寒くもない、比較的過ごしやすい時期だった。

総員起こし後の海上自衛隊第一体操を終えて、ちょうど三G《さんジー》から引き揚げようとしていたころ、カチッとマイクのスイッチが入る音がした。

続いてザーッという雑音の後、マイクから「学生隊、待て」の指示が流れた。総員、現在地で凍り付いたように「気を付け」である。

防大出身の一課程学生は既に防大で総短艇の経験があるから、「ああ、来たな」という感じだっただろう。

だが、一般大出身の二課程学生の大半は「もしかして、これが例のやつか？」と、大慌てだったはずだ。

私に至っては、「何？　何？　何なのーッ⁉」のパニック状態である。

いくら動揺しても、「待て」がかかっている間は動いてはいけない。傍《はた》から見れば、まるで、大がかりな氷鬼《こおりおに》を大真面目にやっているように映っただろう。いい年齢《とし》をした大人が……。

マイクからは淡々とした赤鬼の声が流れていた。

「第一学生隊、総短艇用意。操法は……」

ちなみに、総短艇にはA法《アルファー》、B法《ブラボー》、C法《チャーリー》など、大まかに三種類ほどの操法があった。詳細は忘れたが、最もよく指定された操法はA法《アルファー》だった。

一番から一二番までの漕ぎ手と艇長、艇指揮を合わせた一四名で乗り込み、沖のブイを回頭して帰って来る。オーソドックスな操法である。

初めて発動された日も、たしかA法《アルファー》を指定されたのではなかっただろうか。

「……以上。かかれ！」

操法の指定の後、いよいよ発動号令が流れた。

その途端……。

それまで静止画像のようだった学生たちが、弾かれたように一斉に走り出した。

普段ならグラウンドを斜めに突っ切るなど言語道断だが、総短艇時は例外。「不意の戦闘」なので、大抵の違反は許される。入校時と卒業時以外は通行禁止の赤レンガ生徒館の表玄関でさえ突破可能なのだ。

私も岸壁のダビットを目指して猛烈にダッシュした。しかし、なにせ起き抜けで朝食も摂っていない状態なので、すぐにクラクラとめまいがしてきた。足ももつれてうまく回転しない。

ようやく一Ｇ《いちジー》の芝生エリアに辿り着くまでに、いったい何人の学生に追い抜かれただろうか。

一Ｇの芝生エリアからダビットに至るまでにも次々と追い抜かれ、結局、私が到着した頃には、我が第三分隊の第三カッターは既に降下を始めていた。（先に到着した第三分隊の学生たちの手によって）あとは一四名のクルーたちが乗り込むだけ。

クルー以外の一一名は岸壁待機となる。

私は短艇競技の際は艇長配置だったが、総短艇時は予備員配置だった。

予備員の主な仕事は「岸壁待機」である。

荒々しく出艇していく一四名のクルーたちを送り出した後、彼らが脱ぎ捨てて行った靴を揃えて岸壁に並べたり、乱れた短艇索を整えたりして、ひたすら待機していた。

三Ｇからの長距離ダッシュのダメージは大きく、待機の間も呼吸を整えるのに苦労した。

岸壁待機でさえこの調子なのだから、漕ぎ手たちの負荷は相当なものだっただろう。

総短艇① 「かかれ！」の号令で、一斉に岸壁のダビットに向かって走る候補生たち。このときばかりはグラウンドを斜めに突っ切ることも許される〈海上自衛隊提供〉

総短艇② 岸壁では分隊ごとに短艇降下が競われる。手前の艇はちょうど着水したところだが、奥の艇はすでに沖に向かって漕ぎ出している〈海上自衛隊提供〉

総短艇③　艇尾に仁王立ちした艇指揮の号令の下、12名の漕ぎ手は必死のとう漕を行なう。艇指揮の後ろで、中腰で梶棒を握るのが艇長〈海上自衛隊提供〉

総短艇④　沖のブイを回ったカッターがダビット目指して戻ってくる。岸壁への達着に備えて前部員が爪竿を構えている。艇長の舵さばきの見せ所だ〈海上自衛隊提供〉

喧騒《けんそう》である！

我が第三分隊の第三カッターは、順調にスピードを上げながら、一路、沖のブイを目指していた。

「オウ――、オッ！　オウ――、オッ！」

独特の掛け声が、岸壁にまでよく聞こえてきた。

A法の時のクルーたちは比較的腕っぷしの強い人たちが集まった「勝ちに行く」クルーだったように思う。終始、力強いとう漕で、見ていて頼もしかった。

それにしても、沖のブイまでは遠い。往路はまだ元気があったとしても、復路のとう漕は岸壁から見ていても辛そうだった。

総短艇は、艇が岸壁に横付けした時点で終了ではなく、クルー総員が、予備員たちとともに、きちんと岸壁に整列完了した時点で終了となる（もちろん、岸壁に脱ぎ捨てていた靴を再び履いて）。

とう漕で疲れ切っているうえ、さらに岸壁の梯子をよじ登ってからの整列なので、皆、気の毒なほど呼吸は荒い。

「急げ、急げ！　整列、整列！」

せっかくとう漕で頑張っても、整列で手間取ってはもったいない。荒々しい掛け声の下、直ちに整列し、艇指揮が敬礼とともに、朝礼台上の副校長に報告を上げる。

「第三分隊、よろしいッ！」

副校長が答礼する。

終わった……。さあ、どうだ？

順位の発表と副校長による講評は、すべての分隊が岸壁整列を完了してからとなる。

さて、初めての総短艇の結果は、というと……。

残念ながら、我が第三分隊の優勝は成らなかった。

覚えているのはそれだけで、どの分隊が優勝したのか、六個分隊中何位だったのか、などは覚えていない。

総短艇は優勝することに価値があるので、二位だったからといって「惜しかったね」とはならなかったように思う。

優勝しなければ、二位だろうが三位だろうが、あまり関係はない。優勝分隊だけが歓声を上げ、それ以外の分隊は、がっくりと静まり返る。

卒業までに何回もの総短艇がかかったが、そのたびに様々なドラマが生まれた。

総短艇は、単にとう漕が早ければ勝てる、という単純な図式が成り立たない競技訓練だからである。

とう漕自体は速かったとしても、初動が遅かったり、短艇降下で手間取ったりすると順位は落ちる。さらにいえば、すべての要素が速くても、一人多く乗り込んでいたり、逆に一人少なかったりすると、失格となる。

意外にも定員の数が合っていなくて失格となるケースは多く発生した。

理由は、迅速さを求めるあまり「てんやわんや」となり、よく確認しないうちに勢いで出艇するからだろう。

とりあえず乗り込んで、艇が岸壁を離れ、いざ各人が漕ぎ手座に着く段になって、「あれっ？　一人多いぞ！」と気付くパターンである。

こうした事態を避けるため、各分隊とも事前に打ち合わせて総短艇時のクルーを決めておく。

だが、クルーの中の誰かが何かのアクシデントで急に漕げない状態になったり、不測の事態が発生すると、途端に混乱してしまう。

ただでさえ騒がしい騒短艇がクルー同士で争う争短艇となり、ほとんど喧嘩腰で怒鳴り合いながらのとう漕となるケースもしばしばである。

副校長による講評が毎回「喧噪である！」の一言から始まるのもうなずけた。

不測の事態はいつ発生するか分からないから不測の事態なのであって、総短艇の発動自体が不測の事態なのだから、混乱して騒がしくなるのは致し方ないのかもしれない。

卒業までにかかった総短艇のうち、喧噪でなかった回など、一度もなかったように思う。

ダビット操法ときせまき作業

不測の総短艇は別として、短艇競技の日は着々と近づいていた。

教務時間や別課時間（放課後）の練習だけでは足りず、どの分隊も休日を使って自主練習を行なうようになっていた。

我が第三分隊は短艇係の〝軍神〟N島候補生のかけ声の下、休日の「一〇〇〇《ひとまるまるまる》（午前一〇時）ダビット集合」のパターンが多かった。

短艇競技に向けてのとう漕練習はもちろん、いつ発動されるか分からない総短艇に備えてダビット操法の確認もしたように思う。

ダビット操法とは、短艇の揚げ降ろし作業のやり方である。

総短艇時は一番先にダビットに到着した者が一連の号令をかける運びとなっており、二番手、三番手に到着した者は、それぞれ前部と後部の短艇索に付く運びとなっていた。

ダビット操法は、まず「第三カッター降ろし方用意！」の第一声から始まる。

続いて「ストッパーかけ！」。

「ストッパー」などというと、とても機能的な機械を想像しがちだが、実際は何の変哲もない、ただの索（縄）である。

発想としては、短艇を吊り下げている短艇索の縄目を切るようにストッパーを巻き付け、縄目同士の摩擦による圧力で、短艇索の走出を押さえるというものである。

次は「短艇索とけ！」。

ストッパーの押さえが効いている間に、架台に巻き付けてある短艇索をほどいていく。ある程度までほどけたら、いよいよストッパーをといて「降ろせ！」となる。

一人が号笛を吹いて、その音に合わせながら、前後の索を均等に送り出していったように思う。

前索だけが早いと前のめりになるし、後索だけが早いとその逆だ。あくまで艇が水平になるように、呼吸を合わせて索を繰り出していかねばならない。

ちょうど、綱引きの逆バージョンである。

安全のために吹いているのに、総短艇時は皆、焦っているので、どの分隊も号笛のピッチが異様に早い。

「ピーッ、ピーッ、ピーッ！」

まるで警笛のようで、かえって煽られている気がしたのを覚えている。

こうして徐々に短艇索を繰り出して短艇を降下させ、キールと水面との距離が約一〇センチになったところで「放し方用意！」。

フックの安全止めをといたら、「放せ！」で短艇索を放して退避である。バシャーンッと勢いよく短艇が着水する。

以上が、おそらく旧軍時代から続いているダビット操法のあらましだが、いかがだろうか。

「ふーん」と思われる方が大半だろうと思う。

私も当時、ダビット操法の説明を受けた時点では「ふーん、なるほど」であった。

なんとなく分かった気になって、それで満足していた。

私のように足の回転が遅い者が三番以内にダビットに到着するとは到底思えず、自身が号令をかけたり、ストッパーをかけたりする事態なんて、まさか起こらないだろう、と考えていた。

しかし、実は「なんとなく分かった」と「まさか、ないだろう」は、江田島では最も危険な発想である。

「なんとなく分かった」は「まったく分かっていない」であり、「まさか、ないだろう」は「充分あり得る」のである。

この危険な発想によって私が痛い目に遭うのは、これから約半年後のことだった。

それはさておき、休日練習の後には、きせまき作業も行なわれた。

きせまきとは、漢字表記すると「被巻」となり、短艇の櫂座と櫂の接触部を保護するために糸を巻き付けてある部分を指す。きせまきは練習が重なると糸がほどけて剥がれ、見栄えも悪くなるし櫂座も痛む。だから、適度に巻直して補修せねばならない。実をいうと、この巻き方も当時は「ふーん、なるほど」と思ったはずなのに、今はよく覚えていない。

きせまきを巻き終えた後、にかわのようなものを上から塗って糸を固めるのだが、その独特の匂いは逆によく覚えている。しばらく乾かさねばならないので、この塗料を塗ったら作業は終わり、という意識があったからだろうか。

一通りの練習と作業を終えて、帰りがけに、衛門を出て右手奥にあったお好み焼き屋で、たしか広島風お好み焼きを食べたような……。

そんなことはよく覚えている次第である。

愛のムチ（蹴り）

我が第三分隊の初めての総短艇《そうたんてい》優勝は、残念ながら成らなかった。

しかし、それとは別に短艇競技の日は着々と近づいており、私たちは初総短艇での反省を活かすべく、日々、練習に励んでいた。

総短艇の趣旨は「不意の戦闘」だが、短艇競技はあくまで競技である。

分隊員総員がクルーとなって出艇するので、総短艇時のように岸壁待機だけで終わる者は原則として存在しない。

私はB《ブラボー》クルーの艇長として、先発のA《アルファー》クルーが岸壁に帰ってきた後、入れ替わりで第三カッターに乗り込み、出艇する運びとなっていた。

Aクルーは一四名。Bクルーも一四名。第三分隊は総員二五名。つまり、都合上三名の者が二度漕ぐ計算になる。

残念ながら誰が二度漕いでくれたのか、はっきりとは覚えていない。

艇割や練習など短艇に関する一切は短艇係の〝軍神〟N島候補生が取り仕切っており、これは分隊長のS本一尉からの一任であったようだ。

なぜN島候補生なのかといえば、それはN島候補生が防大の短艇委員会（防大では短艇に限り、『短艇部』ではなく、『短艇委員会』と呼称する伝統があるらしい）出身だからであり、他分隊の短艇係も大半は短艇委員会出身者だった。

短艇委員会出身の短艇係は大抵、艇指揮の配置に付くところ、我が分隊の場合はなぜか短艇係自ら漕ぎ手となって漕ぐ点が異例だった。

短艇のとう漕は、とにかく力ずくで漕げば早く進む、というものではない。

いかに漕ぎ手一二名のピッチ（オールが水を掻くタイミング）を合わせるかが勝負となる。

そのために、艇指揮がリズムを取ってかけ声をかける。最初の「オゥー」で、櫂を水に入れ、水掻きの部分で目一杯に水を捉えたら、一気にのけぞるようにして櫂を引いて推進力をつける。それから、最後の「オッ！」で、櫂を水面上に持ち上げて、水掻きの部分をクルッと回転させて返す。一連の動きが見事に揃うと、見た目も美しいし、何よりも恐ろしいほどのスピードが出る。

勢いに乗って水面上を滑っているような感覚である。

逆にピッチが揃っていないと、見た目もバラバラで美しくない上に、漕いでも漕いでも進まない徒労感がハンパではない。

おまけに漕ぎ手の誰かが櫂を流したり（リズムが合わずに、櫂を櫂座から外したり、落としたりすること）などしようものなら、艇内の空気は一気に険悪となり、最悪の場合は仲間内で喧嘩腰の怒鳴り合いが発生する。

また、練習中には、ピッチが遅い漕ぎ手に愛のムチを加える（蹴りを入れる）という熱血指導も時に発生した。

ちなみに、短艇では艇首から順番に一番から一二番（奇数番号は右舷、偶数番号は左舷）までの漕ぎ手が漕ぎ手座に着く。

一番から四番までを〝バウ〟、五番から八番までを〝エンジン〟、九番から一二番までを〝ストローク〟と呼称する。

どのポジションで漕いでもキツい点では大差ないらしいが、〝軍神〟N島候補生の決めた艇割では、〝バウ〟の一番にN島候補生、〝エンジン〟に腕っぷしの強い一課程学生のU田候補生やK山候補生らが配置されていた。

そして、誰よりも〝軍神〟N島候補生に愛され、熱烈に指導されて（蹴られて）いたのが、〝バウ〟の三番を漕いでいた二課程学生のH崎候補生である。

薬剤師の資格を持つH崎候補生は、薬剤幹部枠の採用で、当然ながら薬に詳しかった。〝H崎スマイル〟と呼称される、癒し系の笑顔がトレードマークで、私もよく「缶コーヒーなんかで薬を飲んじゃ駄目だよ、時武」とにこやかに指導された。

H崎候補生にとって、一番を漕ぐN島候補生の前の三番に配置されたのは、まったく運のツキだっただろう。だが、今にして思えば、あの魔の三番を漕げる（耐えられる）人物は、やはりH崎候補生おいて他にいなかったのではないだろうか。

後ろからいくら熱血指導をくらっても、最後まで〝H崎スマイル〟を貫いたH崎候補生の精神力は並大抵ではないと今でも思う。

短艇競技

さて、いよいよ、短艇競技当日。天気は良く、風も穏やかで絶好の短艇競技日和だった。

とにかく気を付けようと思ったのは、岸壁横付けの際に艇を岸壁衝突させないようにする点と、とう漕中のかけ声で士気を上げる点だった。

先に出艇していったAクルーのとう漕を岸壁で見守っていると、分隊長のS本一尉が傍《そば》にやって来た。

「いいか、時武。ここから見ると、どの艇が一番損をしているか、よく分かるだろう?」

そういわれて見ると、皆、沖のブイを目指して漕いでいる点は同じなのだが、最短の直線コースを取って進んでいる艇と大きく迂回して進んでいる艇とがある。

「艇長が、ちゃんと見通し線を捉えて舵を切っている艇と、そうでない艇とでは、漕ぎ手の負担が大分変わって来るんだ。それを踏まえて、しっかりと舵を切れよ。分かったか?」

「はいッ!」と大きく返事をしたものの、自身がうまく舵を切れる自信はなかった。ただ、二度漕ぐ人もいるのだから、漕ぎ手の負担を少しでも減らしてやらねばと肝に銘じて乗艇した。

我が第三分隊の第三カッターは、Aクルーが岸壁に達着した時点で一着ではなかった。しかし、Bクルーが頑張れば、優勝できなくもない。

「行ける、行ける、頑張れ！」

士気の上がるようなかけ声をかけながら、何度も振り向いてダビットと沖のブイの見通し線を確認したのを覚えている。

ブイの回頭は、できるだけブイに近づいて回頭するほうが距離が稼げるので、ここは艇長の舵さばきの見せ所となる。

回頭が近づいてくると、艇指揮の号令でブイに近い側の舷の漕ぎ手たちは一斉に櫂を上げ、外側の漕ぎ手たちだけが漕いで回頭する。

ブイにぶつかってはならないが、ブイから離れすぎてもよろしくない。

インコースぎりぎりでカーブを曲がる感覚だろうか。

ブイを回頭し切ってから、艇長が一番ヒヤリとするのは、戻るべきダビットの位置が分からなくなる点だ。

もっとも、こんなところでヒヤリとしている艇長は私くらいのものだろうが……。

同じダビットがいくつも並んでいるので、自身の艇が戻るべきダビットが端から数えて何番目のダビットなのかは、常に覚えておかなければならない。

この点をクリアできれば、最後の難関は岸壁達着である。

実は、短艇競技当日の達着について、私はあまり記憶が残っていない。しかし、逆に記憶が残っていないということは、そこそこ無難にやり遂げたのではないだろうか。

優勝できなかったのはとても残念だが、記憶に残るような失敗をせずに済んでよかったと今も胸を撫で下ろす次第である。

第８章　休日は夢のひととき

たかがコーヒー、されどコーヒー

しばらく短艇の話が続いたので、この辺で気分を換えて、当時の休日の過ごし方について書いてみたい。

候補生学校の休日の行動は基本的に自由だったが、外出して良い区域は、ある程度限られていた。

何か緊急事態が発生した場合、すぐに戻って来られる距離が基準なので、せいぜい呉とか広島あたりまでが行動範囲だったように思う。

ところが、ある時、私はどうしても倉敷まで足を延ばしたくなり、単独で区域外外出を決行した。

なぜ倉敷なのかといえば、大学生のころ、友人同士で旅行した際に飲んだコーヒーをもう一度、無性に飲みたくなったからである。

それは「琥珀の女王」という名前の、リキュール入りの水出しコーヒーで、私の知る限り、倉敷の珈琲館でしか売られていないものだった。

初めて飲んだときは、「こんな美味しいコーヒーがこの世にあったのか！」と本気で感動した。まだ二〇代前半の年齢だったせいもあり、大袈裟な感慨を抱きやすかったのだろう。

だが、そのコーヒーには、二年後に区域外外出という危険まで冒して、一候補生を倉敷まで駆り出させる力があった。

そう、たかがコーヒー一杯のために、私はわざわざ江田島から倉敷までの小旅行《ショートトリップ》に出たのである。

本来なら、区域外外出の際は学校側にきちんと申請して許可を得なければならない。そこをすべて内緒で決行したので、気分はハラハラドキドキの忍び旅だった。

服装も黒いコートに黒いパンツ、荷物は黒いボストンバッグに詰めて……と、まるで忍び装束のような黒づくめスタイルだった。

広島から新幹線に乗って岡山に出て、在来線で倉敷へ。

宿泊先は、駅に近くて料金が安い〝ヤングイン倉敷〟に決めた。学生時代にも一度泊まった経験がある宿だったので、懐かしかった。

だが、フロントで差し出された宿帳に、バカ正直にも幹部候補生学校の住所を書いてしまい、部屋に荷物を置いてから、ひどく後悔した。

もしも、何かあって宿から学校に連絡があった場合、私が無断で区域外外出をした件が学校にバレる。

最悪の場合は学生罷免……。

ネガティブなシナリオを思い描いた私は慌ててフロントへ引き返し、

「宿帳を書き直したいんですけど……」と申し出た。

宿のご主人は怪訝そうな顔つきで私を眺めた後、「では、こちらに新しく書いてください」と、別の紙を出してきた。

私としては、候補生学校の住所を記入した紙を破棄したいだけだったのに……。これで余計に「怪しい客」と思われただろう。

こんなことなら、最初から実家の住所でも書いておけばよかった。ツメが甘いなあ。バカだなあ。自身のバカさ加減に呆れながらも気を取り直して、目的地の倉敷珈琲館へと向かった。

琥珀の女王

私が着いたころには、倉敷珈琲館は既に閉店間際で、客足もまばらだったように思う。珈琲専門店なので、軽食などのメニューはなく、私はお目当ての「琥珀の女王」だけを注文して、しばし待った。

レトロな造りの広い店内には、落ち着いた音楽が流れていて、とてもよい雰囲気だった。

学生時代に来たときは、観光客で溢れてワサワサとした感じだったので、逆に閉店間際に来てよかったのかもしれない。

手持ち無沙汰に雑誌や文庫本などを広げるまでもなく、ほどなくして、待望の「琥珀の女王」がやって来た。

今の時代なら、すぐさまスマホで写真撮影するところだが、当時はまだ携帯電話でさえ珍しい時代。レトロなテーブルの上に置かれた「琥珀の女王」をうっとりと眺めて、時を忘れた。

「女王」という名前から、どっしりとゴージャスなカップに入ったコーヒーを想像される向きも多いだろうが、こちらの「女王」はエスプレッソサイズの、小ぶりで華奢なタイプである。

濃い目に抽出された水出しコーヒーにたっぷりとしたミルクがあらかじめ注がれており、真ん中は大きな氷が占めている。

この四角いブロック状の氷を透かして見ると、さながら琥珀の塊のように見える。だから「琥珀の女王」なのだろう。実にニクいネーミングだ。

「こちらは、すべて調合してありますので、混ぜずにお召し上がりください」との案内どおり、混ぜずにいただく。

最初のインパクトはたっぷりのミルクにコーティングされたリキュールと蜂蜜の香りである。

ふわっとしたなめらかなテイストを楽しんでいると、後半からいよいよ主役のコーヒーが効いてくる。

ほどよい苦みはやがて、沈殿していた蜂蜜と絡んで甘くなり、最後にはまたリキュールがふわりと香る。

飲み始めると、あっという間に終わってしまい、しばらく放心状態が続いた。

まさに夢のようなひととき。

「ああ、終わっちゃった……」

本当に束の間の夢だったが、それでも私は満足だった。

江田島からはるばる禁を破ってやって来ただけの価値はあった。

感慨にふけりながら、美観地区を散策して帰ったのを覚えている。

予期せぬ待遇

さて、束の間の夢の後は、再び訓練づくめの毎日が待っている。

翌朝、私は江田島に戻るため、はやばやと宿のモーニングサービスで朝食を摂っていた。するど、昨日、フロントで怪訝そうな目で私を見ていた宿のご主人がニコニコしながら、やって来た。

「おはようございます。今日はもう江田島へ戻られるんですか？」

私は飛び上がるほど驚いた。ついに候補生学校から倉敷まで呼び出しがかかったかと思った。

しかし、そうではなかった。私が宿帳を書き直したいなどと言ったものだから、不審に思って宿帳を見直し、私が海上自衛隊の幹部候補生だと分かったらしい。

「訓練ご苦労様です。こちら、サービスさせていただきますね」

と、トーストをもう一枚、サービスしてくれた。

昨日までは、まるで不審者扱いだったのに、一晩にして待遇がコロッと変わるなんて。

たまたま自衛隊贔屓の宿に当たって良かった。

予期せぬ好待遇に感謝しながら、私はおまけのトーストをありがたくいただき、倉敷を後にしたのだった。

水曜クラブ

候補生学校の生活にもひととおり慣れてきた頃、土日以外にも水曜日の課業終了時から外出が許可されるようになった。

と同時に、通称「水曜クラブ」と呼ばれるクラブ活動も始まり、私は茶道部に入った。同じ候補生学校の敷地内で、赤レンガからだいぶ離れたところに、お茶が点てられるような建物があったのは驚きだった。

国防と茶道は一見、関係ないような気もする。しかし、幹部自衛官として、外国からの客人を接待する際、茶道は大いに役に立つ。

これは日米学生交換行事や、卒業後の遠洋航海で外国に寄港した際にも痛感した事実だった。

茶道に限らず、柔道、剣道、空手道などの武道もしかり。

だいたい「道」のつくものは、自衛官としてより日本人のたしなみとして、身に付けておくに越したことはない。国際交流の場面で「和の精神」を伝えるにあたって、「道」のつくものの果たす役割は大きいのである。

私と同じ下宿を取っていたＷＡＶＥのＫ澤候補生は、茶道も華道もできるうえに管理栄養士の資格も持つ、女性の鑑《かがみ》のような人だった。

「水曜クラブ」の茶道部のエースとしても大いに活躍してくれて、Ｋ澤候補生なくしては、茶道部の活動は成り立たなかったのではないだろうか。

私はまったくの茶道初心者で、お茶碗をどちら側に回して飲むのかすら、分かっていない有様だった。最初の頃こそ茶道部に参加したものの、次第に足遠くなってしまい、後半はほとんど幽霊部員状態。

もっと真面目にやっておけば、今頃はひととおりの作法が身に付いていたかもしれない。

相変わらず、お茶碗をどちら側に回して飲めばよいか分からない現在である。

自衛官は傘を差さない

水曜日の外出で下宿に泊まった翌日、雨が降った。小雨どころではない、結構な雨だった。

私は制服を着て、ごく普通に傘を差して候補生学校に帰校した。

今にして思えば、恐ろしい事態である。

「自衛官は傘を差さない」という常識を、この時の私は全く知らなかった。

余裕を持ってかなり早く下宿を出たので、帰校中、同期の誰にも遭わなかった。だから、ますます、傘を差している自分の間違いに気付かなかったのだろう。

衛門の近くで、ようやく同じ分隊のWAVEであるK野候補生に遭ったところ、K野候補生の顔色がサーッと青ざめた。

「ちょっと！　まさか下宿からずっと傘を差して来たの？」

当のK野候補生は私服姿だったように思う。

「自衛官は傘を差さないんだよ！」

今度は、私が青ざめる番だった。

たしかに傘を差している自衛官なんて、見た例《ためし》はない。

では、自衛官は雨の時はどうするのかといえば、雨衣《あまい》と呼ばれる合羽（レインコート）を着用する。

そういえば、制服等が貸与されたとき、一緒に黒いコートが付いてきた。てっきり防寒用のコートだとばかり思っていた！

よくぞ下宿からここまで、堂々と傘を差して来られたものだ。K野候補生に遭うまで誰にも遭わなかったのも運のツキというべきか、何というべきか……。

少なくとも、衛門を通る前にK野候補生に遭えたのはラッキーだった。候補生に対して手厳しい点で有名な警衛海曹にコテンパンにやられる前に……。

後日談になるが、実はこの雨衣のせいで、また冷や汗を掻いた経験がある。

被服点検（入校時に貸与された被服がちゃんと揃っているかどうか、ちゃんと記名されているかどうかを見る点検）の準備をしていた際、自身の雨衣がない点に気が付いたのである。

名札とか肩章とか、そんな小物にばかり気を取られていて、雨衣のような大物を忘れるなんて。

実は、雨衣の着用はとても面倒なもの。

途中で雨が止んだりすれば、きれいに畳んで携帯しなければならない。

荷物になるうえに、うっかりどこかに置き忘れては大変だ。

だから、よほどの雨でもない限り、雨衣は着用しなかったのに、いったいどこに置き忘れたのだろう。

必死に記憶を辿り、ようやく教務班講堂だと思い当たった。

わざわざ食事時間を削って、教務班講堂まで雨衣回収に走った。雨衣《甘い》ながらも苦い記憶である。

第９章　暑い夏には熱い訓練

夏だ！　海だ！　遠泳だ！

海上自衛隊幹部候補生学校の候補生たちにとって、「夏」といえば「遠泳訓練」である。

陸・海・空の自衛隊のうち「海」を選ぶにあたり、地方協力本部（地本）の方から何度も「『海』は遠泳訓練がありますけど……」と念を押された、あの「遠泳訓練」だ。泳ぐ距離も八マイル（約一五キロ）と、ハンパではない。

私が筋金入りのカナヅチだった点は既に述べたとおり。候補生学校入校までにスイミングスクールに通ってにわか仕込みをしたものの、とても遠泳に耐えられる泳力は身に付かなかった。

それでも、地本の方々は「大丈夫です。海上自衛隊に入れば泳げるようになります」と太鼓判を捺《お》してくれた。

こう言われると、どんな人でも泳げるようになる魔法とか秘伝みたいなものを期待してしまう。しかし、海上自衛隊にそんなファンタジックなものは、一切存在しない。存在するのは、極めてシンプルな原理だけ。

すなわち「練習あるのみ」だ。

この原理に則《のっと》って、地本の方々のお言葉を正しく言い換えると、「そりゃあ、あなた、大変ですよ。海上自衛隊に入れば、強制的に泳がざるを得ない状況に追い込まれて、徹底的に訓練させられるから、誰だって嫌でも泳げるようになっちゃいますよ。アハハ」となる。

くれぐれもダマされてはいけない。

さて、「遠泳訓練」がどの程度にガチな訓練なのかといえば……。

訓練のための事前説明会があったり、訓練のための訓練日課が特別に組まれたりする。つまり、二段構え、三段構えの準備をして、万全な態勢で臨む、学校上げての一大訓練《イベント》なのだ。

まずは事前説明会。

映写講堂（今でも存在するのだろうか?）に集められた私たちは、赤鬼・青鬼の司会の下、八マイルの遠泳訓練の実施要領を聞かされた。

遠泳訓練の趣旨である「不撓不屈《ふとうふくつ》の精神を養う」を導入として、なぜ八マイルなのかという理由も説明された。

洋上で艦が沈没するなどの憂き目に遭い、やむなく漂流する羽目になった場合、視界の利く距離が八マイルだという根拠らしい。つまり、視界ギリギリのところに島影が見えたとすれば、その島影までの距離は約八マイルとなる。

「不撓不屈の精神」を以《も》って、どうにか自力で八マイル先の島まで泳ぎ切れば助かるよ！　という前提なのだが……。

「ホントかよ?」などのツッコミは抜きにして、候補生学校での八マイル遠泳訓練は夏の天王山。伝統的に絶対外せないテッパンの訓練なのである。

訓練当日の流れや細かい注意事項の説明の後、最後は赤鬼・青鬼による「何が何でも泳ぎ抜くぞ！」という掛け声で終わった気がする。

まるで決起集会のような説明会だった。しかし、私の気分は高揚するどころか、沈んでいた。

どうにも泳ぎ切れる気がしない。

暗い気持ちで映写講堂を後にした。

立派すぎるプール

天王山の遠泳訓練は八月。

八月までに総員が八マイルの距離を泳ぎ切るための水泳訓練が、六月の終わりか七月の初旬あたりから始まった。

「訓練のための訓練」開始にあたり、まずは候補生たち一人一人の水泳能力がどの程度なのかを試す「水泳能力テスト」が行なわれた。

なにしろ、二〇〇名ちかくの候補生たち総員が泳ぐのだから、テストだけで半日がかりだ。

候補生学校と同じ敷地内にある第一術科学校のプールを借り切って行なわれたわけだが……。

観覧席のついた競技用の五〇メートルプールで、カナヅチの私にとっては見るからに恐れ多い立派なプールだ。

「飛び込み禁止」のプレートが打ってある、そんじょそこらの市営プールとはわけが違う。

しっかり飛び込み台がついており、飛び込みに耐え得る深さのプールである。

とにかく深い、足が着かない、と噂には聞いていた。しかし、実際に目の当たりにすると、本気で足がすくんだ。

いきなりこのプールで泳げってか？　無理、無理！　二五メートルの市営プールで充分だよ！

どうにかして、泳がずに済む方法はないものか。

そもそも泳げないのだから、事前に一言「泳げません」と申告して辞退すればいいのでは？

心のどこかに甘い考えもあった。

しかし、その考えは教官の最初の一言で無残にも打ち砕かれた。

「五〇メートルを泳げない者も、どの程度に泳げないのかを見る。よって、総員、全力で泳げ！」

カナヅチだけに、頭をカナヅチで殴られたような衝撃だった。

恐怖の水泳能力テスト対策

さて、衝撃を受けているうちに、能力テストは華々しく始まった。

さすがは海上自衛隊の幹部候補生だけあって、皆、見事な泳ぎっぷり。

特に、WAVEで同じ教務班のS井候補生は水泳の元国体選手で、完璧なフォームだった。鋭く切り込む飛び込みで、無駄な飛沫《しぶき》も上がらない。本格的なクロールはイルカさながら。水面を滑るように進んでいく。

そうだよね。こういう人が海上自衛隊に入るべきだよね。

まるで海上自衛隊に入るために生まれてきたようなS井候補生の泳ぎを見て、私はますます絶望的な気分になった。

まずいなあ。私が入ったのは絶対に何かの間違いだよなあ。

私の他にも誰か、泳げない人はいないかなあ。

すると……発見！

飛び込んだ直後に溺れ、救助された男子候補生がいた。

ちょっとした騒ぎとなり、溺れた本人も苦しそうだった。しかし、とても他人事とは思えない。

私もあんなふうになるのか。苦しそうだな。嫌だなあ。

どうにか溺れずに、能力テストをクリアできる方法はないものか。

順番が来るまで、ない知恵を絞って必死に考えた。

第一術科学校のプールは、飛び込みのために両サイドはとても深いが、真ん中は背が立つくらいに浅くなっている……。そういえば、そんな噂を聞いた覚えがあった。

とにかく、両サイドの足が着かないところだけクリアすれば、どうにかなるかもしれない。

入校直前まで通ったスイミングスクールでのにわか仕込みクロールで、何が何でも真ん中まで泳ごう。それで、二五メートルのセンターラインが見えたら、すかさず立っちゃえ！

もちろん、立った時点で失格だが、溺れるよりはマシだ。よし、これで行こう。

あとは最初の飛び込みさえうまくいけば……。

最初の飛び込みでゴーグルがズレると、焦って溺れかねない。私はゴーグルの紐をきつく締められるだけ締めて順番を待った。

作戦成功！　見事失格

幸か不幸か、私の順番は最後のほうだった。

例の溺れた男子候補生の他にもアクシデントがあったりして、テストの時間はかなり押していた。

次第に焦ってきた教官たちは、ついに「飛び込みができない者は無理に飛び込まなくていいぞ！」との指示を出した。無理に飛び込んで溺れた者を、いちいち救助している時間はない、と考えたのだろう。

私は思わず、心の中でガッツポーズをした。

飛び込まなくてよければ、ゴーグルがズレる心配もない。ひたすら蹴伸びで距離を稼げばいいじゃん！　最後のほうの順番に当たった巡り合わせに感謝だ。

さて、順番が回ってくると、私は恐る恐るトポンとプールに浸かった。

やはり深い。全く足が着かない。

ここで、あまりいろいろと考えると余計に恐怖が増し、パニックになりそうだ。

私はプールの縁に摑まって無心にスタートの合図を待った。

ピーッツ！

笛の音とともに、思い切りプールの壁を蹴る。

かつて、これほど真剣に蹴伸びに取り組んだ例《ためし》があっただろうか！

息の続く限り距離を稼ぎ、「これが限界」と思ったところで、息継ぎをした。

ここからは、にわか仕込みクロールの出番である。

息継ぎのたびに沈みそうになりながら、私はどうにか二五メートルのセンターラインまで泳いだ。

正直、まだ行けるかも？　と思った。しかし、無理は禁物。この赤いラインを越えたら、水深はまた深くなる。

私は「エイッ」と足を着いて、プールの真ん中で立ち上がった。

噂どおり、一五九センチの私でも顔が出せる深さだった。

ハイ、失格！

しかし、私は満足だった。

失格なんてどうでもいい。溺れずに済んで、作戦大成功だよ！

WAVE寝室の〝防衛秘密〟

江田島の夏は暑い。

だから、どうした？　幹部候補生学校の分刻みのスケジュールでは、暑さなど感じている暇はないだろう、と思われるかもしれない。

それでもやはり、暑いものは暑い。

当時の男子候補生の寝室にはエアコンがなかった。

寝苦しさを紛らわすため、廊下の石畳の上で身体を冷やしながら寝た候補生もいたらしい。

だが、ここだけの話、当時のWAVE寝室には、しっかりエアコンが付いていた。

防犯上、女性が一階で窓を開けっぱなしにして寝るのは如何なものかという理由で取り付けられていたらしい。

石畳で身体を冷やしながら寝ている男子候補生たちに、WAVEたちはエアコンの利いた部屋で涼しく寝ているなどと知れたら、大ブーイングが起きる。

よって、WAVE寝室のエアコンの存在は、暗黙の〝防衛秘密〟だった。

どんなに男子候補生たちが「寝苦しいよなあ」と話題を振ってきても、「あたしたちはエアコンがあるから大丈夫♪」などと漏らしてはならなかった。

今にして思えば、室外機が出ている時点でバレていたのではないかと思うのだが、意外にバレていなかったようだ。

卒業して、新しい学生館に替わった後、さすがに時効だろうと思い、何人かにバラしたところ、「えーッ！　知らなかった！　俺たちは暑くて寝られなかったのに、WAVEだけズルい！」と、猛烈な反響があった。

それほど、WAVE寝室のエアコンの秘匿が完璧だったというべきか、江田島の夏が記憶に残る暑さだったというべきか……。

暑い夏こそ防火実習

主力が艦艇部隊である海上自衛隊において、艦艇で起こる火災と浸水への対処訓練は避けては通れない。江田島で行なわれる実習カリキュラムの中にも、しっかりと防火防水実習は組み込まれていた。

候補生学校から少し離れた所に防火防水訓練場という専門の設備のある建物があり、実習はそこで行なわれた。

だが、建物は同じでも、防火実習と防水実習はまったく別物で、まとめて行なわれるわけではない。

防火実習は夏の猛暑時、防水実習は冬の酷寒期の二回に分けて行なわれる。まさに候補生イジメとしか思えないスケージュールの組み方だが、これも伝統なので仕方がない。

さて、夏の防火実習である。

座学でひととおりの要領を学んだ後、訓練場に到着した私たちは、物々しさに圧倒された。

格納庫風の建物のほぼ中央に、大きな丸タンクがデンと構えている。

実習の主な流れは、この丸タンクにガソリンを注いで火を点け、それを高速水霧によって消火鎮圧するというもの。

高速水霧とは文字通り、高速でノズルから噴射される水霧である。これで酸素を遮断し、さらに冷却効果によって消火を促す。

だいたい十数名が一チームで、チーム一丸となって消火にあたる。

チーム編成は、指揮官一名、ノズル員が左右各一名（一番）、ホース員が左右各六名（二番〜七番）。そこに、ガソリンを丸タンクに注ぎ込むガソリン係が一名、ガソリンに点火する点火係が一名加わる。

服装は作業服の上に防火服を着用。さらに防煙マスクとフードを被る。

こんな重装備を真夏に身に付けたうえ、燃え盛る炎に突っ込んでいくのである。

心身ともに燃え上がるような熱さと恐怖心に晒《さら》される点はいうまでもない。


チャージ！　右！　左！


訓練開始となったら、指揮官の「配置につけ！」の号令で、消火チームは攻撃開始位置につく（攻撃というところがミソ。消火作業とはまさに、火に対する攻撃であり、火との戦いなのである）。

続いて、ガソリン係と点火係によって、丸タンクが炎上を開始する。

正直、かなりの迫力である。こんな間近に、これだけの勢いで燃え盛る炎を私は見た例《ためし》がなかった。

指揮官は責任ある配置だが、まあ、号令をかけるだけなので、まだマシである。

なんといっても最高の恐怖は、最前線で炎と戦うノズル員の一番とホース員先頭の二

〔上〕夏の猛暑時に行なわれる防火実習。防火服に防炎マスクとフードをかぶり、高速水煙を噴射するノズルを持って燃えさかる炎に突進する。〔左〕冬の酷寒期に実施される防水実習。艦内を模した施設内で、木材やキャンバスなどを使って浸水を防ぐ訓練。いずれも応急術科の知識・技能の教育に加え、恐怖心の克服、切迫した状況下での冷静さなど、幹部としての心構えを培う実習である〈いずれも海上自衛隊提供〉

番だ。

どのようにして戦うのかといえば、高速水霧の吹き出すノズルをひたすら左右に振りながら、炎に突撃する。

その突撃開始の最初の号令が「チャージ！」である。

この号令を受けた一番は「チャージ！」と復唱して、ノズルの首に付いているハンドルを持って、ホースを振り下ろす。

途端にロックが解除されて、ノズルから高速水霧が一気に噴き出す。

この水霧こそが、炎に対する唯一の武器となる。

配置は順番に回って来るので、当然ながら、私も一番の「チャージ！」をやった。

ものすごい水圧とホースの重さに腰が抜けそうだった。

二番以降のホース員たちがホースを持って支えてくれるが、それ以上に水霧の圧力がハンパではない。

指揮官の「前へ！」の号令で、炎に向かって進んでいくにつれて、炎の熱さもハンパではなかった。

いくら防煙マスクをしてフードを被っていても、「わあ、焼けるー！」「焦げるー！」と叫びたくなるほどの熱である。

それでも、熱さを水霧で吹き飛ばすごとく「右！」「左！」「右！」「左！」と叫びながら、ノズルを左右に振って進んでいく。

ちょうど水霧でバリアを張りながら突進するイメージだ。

だが、この時、端で見ていたS本分隊長は後に教えてくれた。

「お前はかけ声をかけながら、一生懸命お尻を左右に振ってるだけで、まったくノズルを振ってなかったぞ」

たしかにそのとおりだったかもしれない。

水霧の噴き出すノズルはあまりに重くて、ただ持っているだけで精いっぱいだったのだ。

グースネック！　制圧！

いよいよ丸タンクの炎は眼前に迫り、私は「右！」「左！」「右！」「左！」と半泣きで叫びながら、ノズルを（お尻を）振っていた。

まともに目を開けていたら、恐怖と炎にやられてしまうので、私はひたすら顔を伏せていたように思う。

と、そのうち、指揮官から「グースネック！」の号令がかかった。

グースネックとは、がちょうの首。すなわち、ホースをがちょうの首のようにしならせてノズルを立ち上げ、丸タンクの真上から水霧をシャワーのように炎に注ぎ込む動作を意味する。

それまでの「右」「左」で、向こう側へ追いやった炎を、今度は真上から叩いてトドメを刺す。消火の最終段階である。

しかし、ただでさえ重いノズルを、ホースごと立たせるのは容易ではない。

この動作にはチーム総員の協力と、特に一、二、三番の呼吸の合わせ方が鍵となる。

「グースネック！」

指揮官の号令を復唱後、水霧噴射の圧力で波打っているノズルを担ぎ上げる。

二番、三番の協力でホースを立たせ、私の頭上にノズルが来るように持っていく。

これが実はとても難しい。水圧でホースとノズルが踊ってしまい、なかなか思い通りにならない。

やっとの思いでグースネックの体勢に持ち込むと、丸タンクの縁に体重をかけるようにして、水霧を上から注ぎ込む。

「おりゃぁぁ！　喰らぇぇぇ！」の心境だ。

すると……。

あんなに燃え盛っていた炎が、みるみるうちに薙ぎ払われていく。

「制圧」である。

「せいあーっ！」

勝どきを上げる頃には、フードの中の顔はグシャグシャ。防火服の下は汗ビッショリだった。

熱と恐怖で、全身の水分を絞り出した気がする。

ヘタなジムやサウナで汗を流すより、この防火実習に参加したほうが、短期ダイエットには、よほど効果的なのではないだろうか。

ちなみに、防火実習を終えてからもしばらく、候補生たちの間で「チャージ！」、「グースネック！」、「制圧！」は、流行語大賞なみに流行《はや》ったのだった。

悩めるチャート（海図）係

数ある実習の中でも、防火実習が大掛かりな単発モノとするならば、練習船実習は長期的で連続モノの実習だった。

第一術科学校にある小型の練習船二隻を借りて、実際に瀬戸内海を航行するのである。

まずは、チャート（海図）にコース（航路）を自分たちで書き込むところから始まる。

二課程学生よりも一課程学生のほうが、航海関係の教務の進みが早い。よって、練習船実習も一課程学生からのスタートとなった。

第三分隊の自習室で、私の斜め前の席にいたT田候補生は、一課程学生の中のチャート係に当たっていたようで、いつも丸めたチャートをたくさん抱えて忙しそうだった。当時まだチャートを見た経験のなかった私は、T田候補生に「それ何?」と純粋な疑問を投げかけた。

すると、「チャートですよ。チャート。練習船実習までに手分けしてコースを書かんといけんのに、みんな、なかなかやらんのですよ」と憤慨した答えが返って来た。普段から穏やかなT田候補生にしては珍しかった。

自習時間に各係からの伝達事項が飛び交った際も、「チャート係からやけどね、練習船実習まで時間がないんよ。一課程はチャート書いて!」と叫んでいた。

穏やかなT田候補生を、ここまでカリカリさせるチャート作業とはいったい何なのか。このときの私はまだ、よく理解していなかった。一課程学生だけ特別にやる作業だと思っていた。

ところがどっこい、そのうち、二課程学生にも練習船実習が迫り、チャート作業に悩まされる日々が始まったのである。

船乗りの三種の神器《じんぎ》

ニニギノミコトが天孫降臨の際、アマテラスオオミカミに授けられた鏡・玉・剣を三種の神器と呼ぶ。

同様に（?）、船乗りにも三種の神器が存在する。

コンパス、ディバイダー、井上式三角定規の三つである。

コンパスは円を描く時に、よく用いられるので珍しいものではない。

ディバイダーあたりになると、少々珍しいだろうか。

これはコンパスと同じ形状のものだが、円は描けない。地図上で距離を測る際に用いられる。

最後の井上式三角定規は、小学校でよく使った三角定規の大型バージョンとでも表現すべきか。

形状としては、先生が板書する際に用いていた大きな三角定規を思い浮かべていただければよいと思う。その三角定規の中に分度器が埋め込まれており、角度も測れるスグレモノである。

この三つを駆使して、まずはチャートにコースの線を引っ張るところから、練習船実習は始まる。

一口にチャートといっても、一回の実習で使うチャートは複数枚。江田内から出港して音戸の瀬戸を通峡して帰って来るだけで、最低でも四、五枚のチャートを使い分けたように思う。

これらのチャートを前に、ほぼド素人に近い二課程学生たちが頭を寄せ合って、航海計画を立てる。

今にして思えば、とてつもなく無謀な作業だった。いったい誰が音頭を取って、コースを引いてくれたのだろうか（少なくとも、私はまったく役に立っていなかった）。二課程学生のチャート係の名前が、今もって思い出せない。

夏服の肩章交換

自衛隊の制服には、官品《かんぴん》（自衛隊から貸与されるもの）と私物（自身が自費で民間の制服店から購入するもの）の二種類がある。

すべて官品だけで済ます、というツワモノはなかなかいないが、私は冬服に関しては退職するまで官品だけで通し、私物を購入しなかった。

しかし、さすがに夏服は私物を購入した。

夏服には階級を示す肩章（取り外しできる）を付けるのだが、この肩章にも私物がある。

どうせなら私物の肩章も購入すればよかったものを、私はなぜか買わなかった。私物の夏服に官品の肩章を付ける、というスタイルで夏を乗り切るつもりだった。

そこへ、官品の肩章で、傷《いた》みの激しいものは交換する、という話が舞い込んだ。ちょうど片方の肩章がボロかったので替えて貰おうと、私は二セット（四つ）の肩章のうち一つを交換に出した。

やがて、新品の肩章が来て、私は喜んでその新品と旧品を組み合わせて両肩に付けていた。

ところが……。何日かして、新品と旧品の肩章の大きさが違うと気が付いた（もっと早く気付けよ！）。

実は、新品の肩章は男子用の肩章で、男子用の肩章は、ＷＡＶＥ用の肩章より一回りほど大きかったのだ。

そもそも、男子と女子で肩章の大きさが違うとは知らなかった。

左右で大きさの違う肩章を付けて、何日間か堂々と歩いていたかと思うとゾッとせざるを得ない。よくぞ、赤鬼・青鬼の目を誤魔化せたものだ。

つくづく「知らない」とは恐ろしい、と今もって思う。

分隊カラーと水泳帽の色

江田島の幹部候補生学校では、分隊対抗競技や訓練時にMOCS（モックス）Tシャツという Tシャツをよく着用した。

杢《もく》グレーの地で、左胸にMOCSの文字がプリントしてある、ごくシンプルなTシャツである。

ちなみに、MOCSとは、Maritime officer candidate school の略。

候補生学校では第一分隊から第六分隊まで、それぞれの分隊ごとに分隊カラーが決まっており、我が第三分隊の分隊カラーは水色だった。

よって、Tシャツにプリントされている文字も水色である。

これと相まって、分隊水着という水着も用意された。

男女ともに紺色の競泳タイプの水着で、両サイドに各分隊の分隊カラーのラインが入っている。

それなら当然、水泳帽も各分隊ごとのカラーの帽子でしょ？　と思われるかもしれない。

ところがどっこい、水泳帽だけは別格で、厳密な能力別の色分けとなっている。

色はシンプルに赤と白の二種類。泳げる者は白、泳げない者は赤、と極めて分かり易い。

判断の基準は、水泳訓練開始に先立って行なわれた水泳能力テストの結果だ。

私は五〇メートルを泳ぎ切れず、センターラインで立ち上がって失格となったくらいなので、〝堂々の赤〟決定である。

海上自衛隊では、私のように赤い水泳帽を被っている者たちは通称〝赤帽〟と呼ばれる。正式名称は〝水泳能力未熟者〟。

同様に白い水泳帽を被っている者たちは通称〝白帽〟と呼ばれる。さらに、〝白帽〟の中でも特に泳げる人たちは、帽子の縁に黒のラインが入っている。

ＷＡＶＥの候補生の中では、同じ教務班だったＳ井候補生が、このライン入り〝白帽〟を被っていた。なにしろ、水泳の元国体選手なのだから、当然といえば当然だろう。

もし、海上自衛隊の水泳訓練の写真や映像をご覧になる機会があったら、「あら、あの人の帽子、線が入ってる！　相当泳げる人なのね」と思っていただいてよいだろう。

しかし、ライン入りの〝赤帽〟というものは存在しない。一定の基準をクリアできない者は、一律〝赤帽〟である。

惜しいところでクリアできなかった者も、まったくお話にならないレベルの者も区別はない。

ただ、〝赤帽〟から〝白帽〟に這い上がるための敗者復活戦のようなテストが何回か行なわれるので、ここで帽子の色が変わる者は何人かいた。

もちろん、最後まで色が変わらない者もいる。

私はといえば、残念ながら、最後まで赤を貫いたクチだった。

三食昼寝付き日課?

さて、めでたく(?)真っ赤な水泳帽を貸与され、夏の天王山である遠泳訓練に向けての特別日課がスタートした。

通常の教務に加えて、水泳の教務が重点的に行なわれる〝水泳地獄〟の日課。

水泳が苦手な者にとっては、苦痛以外の何者でもない日課だが、一点だけ特典があった。

ズバリ、午睡《ごすい》(昼寝)だ。

この特別日課の期間は、昼食後に特別に昼寝が許可される(いや、むしろ、強制的に昼寝をさせられる)。なにしろ、日課号令で「午睡始め」というマイクが入るのだから。

いつも、教務中にうっかりと昼寝をしてイタイ目に遭っている私にとって、正々堂々と昼寝できるなんて、夢のようだった。

約一時間程度の微睡《まどろ》みだが、実にありがたく、貴重な睡眠時間である。

目が覚めたら、苦手な水泳が待っている事実など忘れて爆睡したように思う。

ちなみに、この午睡時の服装は、分隊水着の上に分隊Tシャツを着たスタイルだった。

普通ならあり得ないだろうが、このスタイルだと、非常に効率が良い。「午睡やめ」がかかった後、すぐにベッド脇に引っ掛けてある赤帽を被って、プールに向かえるのだ。

プールは、水泳能力テストでも使った第一術科学校のプールを使わせてもらっていた。候補生学校の寝室から第一術科学校のプールまでの道のりは、かなり長い。これから延々と泳がねばならないかと思うと、気は重く、足取りも重かった。プールまでの緩やかな坂道が、地獄への道のりに思える。

午睡は束の間の夢、水泳の教務は果てしなく続く悪夢だった。

最初は足の特訓から

水泳の教務は、最初から〝赤帽〟と〝白帽〟とに分かれて行なわれた。

担当の教官は、その昔、オリンピックチームの指導もしていたという水泳のエキスパートだった。

もちろん、白地にライン入りの水泳帽を被っての登場である。

自衛官は基本的に、着帽時は挙手の敬礼を行なう。水泳帽といえども、立派な帽子なので、教務はお互いに挙手の敬礼から始まった。

毎年、〝赤帽〟の面々を遠泳に耐え得る泳者に鍛え上げ、送り出して来た教官は、初対面の段階から自信に満ち溢れていた。

「俺が指導するからには、絶対に八マイル完泳できるようになる。だから安心しろ！」

そんな檄《げき》から始まった教務は、まず、徹底的に足の動かし方の特訓だった。

遠泳は平泳ぎで行なわれるので、平泳ぎの際の足の動かし方である。

入校前にスイミングスクールに通っていた私は、多少、分かっているつもりでいた。ところが、この教務で習った内容は、スイミングスクールのそれと根本から違っていた。

「海面での遠泳だったら、浮力があるので、ダラダラと泳ぐ感じで大丈夫ですよ。長丁場なので、なるべく体力を消耗しないように」

スイミングスクールのコーチはこのように語っていた。

しかし、江田島の水泳教官の話は……。

「平泳ぎの要訣《ようけつ》は、最後にいかに脚をピタリと閉じるかにある。ここで最大の推進力を生みださねばならない。ダラダラと泳いでいたのでは、いつまでも前に進まんぞ」

とにかく、推進力第一。遠泳だからスピードは求められていない、という甘い考えは、見事に粉砕された。

考えてみれば、当たり前かもしれない。

いくら競泳ではないとはいえ、ある程度のスピードで泳がねば、八マイル完泳する前に、逆に体力が尽きてしまう。

いかに効率よく前に進むか。これが大事なのである。

だから、江田島式平泳ぎでは、極力両脚を広げずに水を掻き、最後に両脚を閉じるところを重視する。脚を広げすぎると、閉じる時に無駄な時間と労力がかかるからだ。

コンパクトに脚を開いて水を掻き、最後はガッと閉じる。この脚の動きを体得するために、〝赤帽〟の訓練はまず、水の外で脚を動かすところから始まった。

プールサイドの床の上に腹ばいになって、ひたすら平泳ぎの脚の動きの練習である。

千里の道も一歩から！

同様に、八マイルの遠泳も、この腹ばい平泳ぎのエア水掻きからのスタートだった。

謎の小黒神島と陸測艦位訓練

一方、連続モノの実習である練習船実習の準備も着々と（？）進んでいた。

私たち二課程学生は、どうにかチャート（海図）にコース（航路）を引き、練習船に乗り込んだ。

練習船は第一術科学校のもので、一一号と一二号の二隻があった。

最初の練習船実習で私たちが乗り込んだのは、一一号のほうだったと思う。

どちらの船長もベテランの船長なのだが、一二号のK塚船長は歯に衣着せぬ物言いが強烈で、個性的な船長だった。

最初の練習船実習で、このK塚船長の一二号に当たらなかったのは、ある意味、ラッキーだったのかもしれない。

さて、練習船実習は、実習直と研究直の二手に分かれて行なわれる。

実習直は、順番に「当直士官」「副直士官」「操舵員」「見張り員」などの航海直につく。

研究直とは、いわゆる非番直である。

後部甲板などに出てひたすら陸測艦位訓練をする。あるいは、船底部でチャートを広げて電測艦位を入れながら、ひたすら睡眠を摂る。

大抵は、この二パターンのうちのどれかだった。

陸測艦位訓練とは、周囲の島影や目標物の方位を三つほど備え付けのコンパスで測定し、その方位線をチャート上で交差させて自艦の位置を知る訓練である。

実際に航行中の船から方位を測るので、素早く三つの方位を測らねば、方位がどんどん変わってズレてしまう。

島影で方位を取る場合は、一番高い部分に狙いを定めるのがコツだ。

チャートには、それぞれの島の等高線が描かれているので、自身が測定した方位線を、その最頂部から井上式三角定規で引けばよい。

目標となる島影の選定が的確で、かつ、素早く正確に方位が測れていれば、三つの目標から引かれる方位線はチャート上でピタリと一点で交わる……はずなのだが、実際は、そう簡単にはいかない。

チャートを見て、「よし、この島にしよう！」と目標を定めても、実際の島を探そうとすると「どの島よ?」と迷ってしまう。船乗り泣かせの瀬戸内海には、小さな島がたくさんあるのだ。

自分がチャート上で「この島」と決めた島と実際の島が一致していないケースは多々あった。

仮に一致したとしても、三つの目標の方位を同時に覚えるのは、至難の技。

頭の中だけでは覚えきれず、ひたすら方位を唱えながら、コンパスからチャート台まで走る流れとなる。

走っている間に、誰かとぶつかろうものなら、もうアウト！

衝撃で三つの方位を忘れ、もう一度測り直しだ。

誰にもぶつからず、無事にチャート台まで戻って来られたとして、測定してきた方位が正しいとは限らない。

ピタリと一点で交差するどころか、三つの方位線は巨大な三角形を描《えが》く羽目になる。

さて、自艦の位置はどこだろう？

この巨大な三角形の中のどこかであるには違いないが、範囲が広すぎて分からない……。

こんなドタバタとした陸測艦位訓練で、「この島だけは目標にしないほうがいい」という島があった。

小黒神島である。

なんと、チャート上で、この島の位置が間違って記載されているというのだ。

そんなのアリなの？　と思われるかもしれないが、当時は周知の事実だった。

今でも間違ったまま記載されているのだろうか。

小黒神島……。

真ん中が盛り上がった、カボチャのような形の島だった。

「間違っている」「目標にしないほうがいい」などと言われると、余計に気になり、今でも印象に残っている。

健康状態に異常のある者！

幹部候補生学校で、何かの係に就いている学生を総称して、係学生《かかりがくせい》と呼ぶ。

どんな係があるのかといえば、掃除全般を担当する甲板係、体育行事全般を担当する体育係、短艇関係全般担当の短艇係などである（特にこの三役は重要であり、激務でもあった）。

他にも、分隊の会計的役割も果たす厚生係、主に秘密図書の扱いを取り仕切る図書係、分隊員の健康や衛生状態を管理する衛生係などがあった。

また、これらの係に就いていない学生でも、第二学生隊の卒業式後の午餐《ごさん》会を担当する午餐会係や弥山《みせん》登山競技に向けての練習を担当する弥山係など、単発係に就くケースもある（もちろん、兼任するケースも）。

つまり、総員が何らかの係学生となるわけで、係学生を経ずに卒業した者は一人もいないのではないだろうか。

ここでは、一般の学校でいうところの保健係に当たる衛生係について書いてみたい。

我が第三分隊で最初の衛生係（途中、何回か交代があった）に就いたのは、看護師の資格を持つU原候補生だった。

なにしろ、単なる係のレベルを超えて、本物の看護師さんである。ちょっとした怪我の手当てから風邪の相談まで、実に頼りになる。うっかり怪我をしても、U原候補生が「ちょっと見せてみ」と診てくれると安心する。

そんな衛生係の日課は、総員起こし後の分隊員の健康チェックから始まる。分隊当直が集合をかけ、点呼を行なった後、「衛生係、前へ！」と呼び出す。すると、U原候補生が駆け足で出て来て、「本日、健康状態に異常のある者！」と総員に呼びかける。これが健康チェックである。

具合の悪い者は、ここで挙手をするわけだが……。

私の記憶する限り、卒業するまでに、挙手した者は一人もいなかったように思う。具合の悪い者や病人は、既に江田島病院に入室していたりして、総員起こしでグラウンドまで出て来ない。かりに具合が悪かったとしても、挙手する勇気があるかどうか……。

U原候補生がその辺りをどう思っていたかは分からない。ただ、U原候補生の後に衛生係となった私は、毎朝、「頼むから誰も挙手しませんように」と祈っていた。

挙手されても、どのように対応してよいか分からなかったからである。

第10章　総短艇初優勝、さらば「軍神」

悲願の初優勝

海上自衛隊幹部候補生学校には、実にたくさんの分隊対抗競技があった。競技と名が付くからには勝負であり、勝負となれば、やはり勝ちたい。

我が第三分隊は、初の分隊対抗競技である短艇競技に敗れた。さらに、予告なしに行なわれる総短艇競技でも、いつも惜しいところで負けていた。夏の天王山である遠泳訓練までに、どうにかして一つは、白星を上げたい。優勝して、分隊長のS本一尉に花を持たせたい。

このまま卒業まで何も勝てないとなると、さすがに格好悪いという思いもあった。

さまざまな思いは、次第に「どうしても勝たねば！」というプレッシャーへと発展していった。

そのプレッシャーをより強く感じ取っていたのは、やはり短艇係の〝軍神〟N島候補生ではなかっただろうか。

たしか、夏制服に衣替えになってから、間もなくの時期だったと思う。我が第三分隊に、絶好のチャンスが訪れた。不意打ちの定番である起き抜けの総短艇がかかったのである。

予備員の私が言うのもなんだが、その日は、岸壁に向かってダッシュをしている時点で、いける気がしていた。

出艇時のアクシデントもなく、快調な漕ぎっぷりでブイを回頭した我が第三分隊のA《アルファー》クルーたちは、堂々の首位で岸壁に戻って来た。

これは、いよいよか？　まさか？　まさか？

しかし、ここで安心してはいけない。

「家に帰るまでが遠足」であるのと同様、「岸壁に整列するまでが総短艇」である。

激しいとう漕の後、呼吸も荒く、Aクルーたちが、裸足で岸壁をよじ上って来た。

出艇前に岸壁に脱ぎ捨てた靴を慌ただしく履く。

「靴！　靴！　ちゃんと履けよ」

泣くに泣けない。

「帽子の顎紐《あごひも》掛けてるか？」

互いに声を掛け合いながら確認する。

せっかく一着で帰還しても、整列の時点での服装容儀で〝不備〟となっては、泣くに泣けない。

「第三分隊よろしいッ！」

迅速に、かつ、念には念を入れた後、艇指揮が報告を上げた。

さあ、どうだ？

最後の分隊のクルーたちが帰還の報告を上げるまでの間が実に待ち遠しかった。

いよいよ、順位発表である。

「……よって、優勝は第三分隊！」

拡声器から流れる赤鬼の声を、私たちは夢のような思いで聞いた。

ついに、悲願の初優勝の瞬間だった。

総短艇の最中の喧騒はご法度だが、優勝のどよめきに関しては特に規制はない。

「ウオーッ！」

順位発表の度に、がっかりして静まり返っていた我が第三分隊は、この時初めて、勝利の雄叫びを上げたのだった。

勝って兜《かぶと》の緒を締めよ

悲願の初優勝を果たした後、我が第三分隊の面々は、分隊長のS本一尉と短艇係のN島候補生を囲んで記念撮影をした。

ちょうど課業が終わった夕方頃だったと思う。もしかしたら、食事や入浴も済ませていたかもしれない。

滅多に私たちを褒《ほ》めないS本一尉も、この時ばかりは上機嫌だった。「よくやった!」と、短艇係のN島候補生の労をねぎらい、私たちの初勝利を手放しで褒《ほ》めてくれた。

とりあえず、これで一つ白星を上げた。

嬉しい! やったぁ! ホッとした……等々。皆、さまざまな思いがあったと思う。とにかく、我が第三分隊にとって、最高に気分が良く、充実した瞬間だったのは間違いないだろう。

しかし、総短艇はこれで終わりではない。次はいつかかるか分からないし、球技大会や弥山登山競技などの分隊対抗競技がまだ目白押しに残っている。一つ勝ったからといって、安心してはいられないのだった。

しかも、分隊対抗競技に備えている間も、各教務ごとの筆記試験は必須で、決して待ってくれない。

事実、この頃は各教務の試験ラッシュで、連日のように自習室の延灯が続いていた。それでも勉強時間は足りない。寝室に帰ってからも、こっそりと懐中電灯をつけて、勉強するのが定番だった。

勉強、雑務、訓練に追われた候補生たちは皆、慢性的な疲労を抱えていた。

そんな中、また、起き抜けに総短艇がかかった。

「とりあえず一回勝ったから、今回はいいや」と手を抜くわけにはいかなかった。

全力でダビットまでダッシュし、激しいとう漕を終えた後、悲劇は起きた。

短艇係の〝軍神〟N島候補生が倒れたのである。

衛生係U原候補生の活躍

総短艇自体は終了しており、後は短艇の揚収作業を残すのみの頃だった。

私は、たまたまN島候補生のすぐ近くにいたので、まさに倒れる瞬間を目撃した。

これは大変！　と思ったものの、具体的にどうしてよいか分からない。

おろおろしているうちに、誰かが、

「衛生係！　U原を呼べ！」

と叫んだ。

U原候補生は、実際に看護師の資格を持つ、優秀な衛生係である。N島候補生の一大事とあって、短艇索を放り出し、飛ぶように駆けつけてきた。

もはや、短艇の揚収どころではない。

このときほど、U原候補生が頼もしく見えた例《ためし》はなかった。なにしろ、ホンモノの看護師さんなのだから、応急処置も実に堂に入っている。

U原候補生は、すぐに「N島！　N島！」と名前を呼んで意識を確認した。

このとき、N島候補生から応答があったのかどうかは定かではない。

U原候補生は落ち着いて、周りにいる候補生たちに、あれこれ指示を出し、N島候補生をその場に寝かせた。

それから待つこと数分。

隣接した敷地にある江田島病院から、カーキグリーンの救急車が到着した。

一般的に、救急車といえば白地に赤十字だが、江田島病院の救急車はカーキグリーンに赤十字。救急車も陸上戦闘仕様なのである。

通称〝ミド（深緑の略）きゅう〟と呼ばれる救急車からは、江田島病院に詰めている衛生隊員の方が何名か、降りてきた。U原候補生が代表して状況説明をすると、衛生隊員の方々は何やら、しきりにうなずき合っていた。

やがて、担架に乗せられたN島候補生は、あっという間に〝ミドきゅう〟で江田島病院に運ばれていってしまった。

「N島！　N島！　しっかりしろよ！」

走り去る〝ミドきゅう〟に向かって、第三分隊の面々は祈るように叫んでいた。

その日の分隊自習室

その日の夜、第三分隊の自習室は、倒れたN島候補生の話題で持ち切りだった。

江田島病院に運ばれたN島候補生は、そのまま入室（入院）となり、帰って来なかったのである。

あれからどうなったのだろうか？　無事に帰って来られるのだろうか？

衛生係のU原候補生に至っては、「本当に、あの処置で良かったんだろうか？」と、しきりに反省していた。

そんなざわめきの中、分隊長のS本一尉が何の前触れもなく、いきなり自習室に入って来た。

ちなみに、S本一尉のお出ましは、いつも〝いきなり〟である。だが、大抵は、その前に早足で廊下を歩いてくる靴音が聞こえる。

今回はN島候補生の件でざわめいていたため、誰もS本一尉のお出ましに気付かなかったのである。

突然のお出ましに、慌てふためいた私たちは、一斉に席に着いた。

「N島の件だが……」

開口一番、S本一尉は始めた。

どうやら倒れた最大の理由は過労だったらしい。念のため、しばらく入室してから戻って来るとのことだった。

「いいか。N島は倒れるべくして、倒れた。よく覚えておけ」

S本一尉は、最後にそのように言い残して、自習室を出て行った。

この発言の意味は、大きく分けて二つに取れる。

一つは、短艇関係の仕事をすべてN島候補生に任せきりにしたから倒れたんだ、という意味。

もう一つは、N島のように無理をすると倒れるから気を付けろ、という意味。

おそらく、どちらの意味もあったのだろう。

とにかく、候補生学校の過密スケジュールの中、総短艇で第三分隊を勝たせるために、N島候補生が無理をしていたのは確かだった。

S本一尉が出て行った後、しばらく自習室は静かになった。

皆それぞれ思うところがあったのだと思う。

やがて、甲板係のK山候補生が立ち上がって前に出て来た。

「N島の体調に関しては江病（江田島病院）に任せるしかない。けど、N島の入室中にも、また総短艇がかかるかもしれんから、備えとかなあかんでェ」

もっともな意見である。

K山候補生は大阪出身の一課程学生で、実にリーダーシップのある候補生だった。普段は「なんか、おもろい（面白い）話ない？」というのが口癖で、いつも大阪弁で誰かに絡んでいる場面が多い。だが、いざというときは顔つきが変わる。

この日も、大真面目な顔つきで立ち上がったK山候補生を中心に、N島候補生の入室中における総短艇対策が練られた。

結局、N島候補生の代わりを務める運びとなったのは、同じく一課程学生のU田候補生だった（と思う）。しかし、皆が一日も早いN島候補生の退室復帰を願っていたのは、言うまでもない。

神経質な私には耐えられないわ！

さて、N島候補生の入室中にも、様々な出来事があった。

ＷＡＶＥ寝室入り口の靴箱の整理整頓状況について、学生隊付《がくせいたいづき》Ｂ《ブラボー》のＫ藤二尉から、お小言を頂戴したのである。

ちょうど候補生学校の生活にも慣れて来た頃で、そろそろタルミが現われたのだろう。

「ちょっと！　これを見てみなさいよ！」

朝の体操の後、グラウンドから引き上げてきた私たちＷＡＶＥを捕まえて、Ｋ藤二尉のお説教が始まった。

一言で言えば、靴箱が汚い（汚すぎる）というのである。

「何なのよ、この靴の入れ方は！　ぶっ込みじゃないの！　泥も落ちてないし、もっと掃除しなさいよ！」

ＷＡＶＥ寝室の入り口には、ＷＡＶＥ専用の靴箱があり、そこにＷＡＶＥ総員の靴が収められている。

一人ずつ蓋が付いているようなものではなく、ただマス目状に区切られているだけの靴箱である。外からの見通しも良いので、乱れ具合も一目瞭然である。

正直なところ、忙しい毎日にかまけて、いちいち靴箱の中の靴まで気を配ってはいなかった。

Ｋ藤二尉の仰るとおり、ぶっ込み状態だったのだと思う。

「最近、ちょっとタルんでるんじゃないの？　しっかりしなさいよ。こんな靴箱、神経質な私には耐えられないわ！」

次々と降ってくるお小言を受け止めながら、私は最後の部分で「ん？」と思った。

神経質な私？

K藤二尉はとても優秀なWAVEであり、立派な指導官だったが、「神経質」という言葉はあてはまらないような気がした。

どちらかというと、「豪快」「大胆」のほうがしっくりくるタイプの方である。

違和感を覚えたのは、私だけではなかったようで、同じようにキョトンとした顔で目を上げたM崎候補生と目が合った。

K藤二尉が小言を終えて帰った後、M崎候補生に、例の「神経質」に関して感想を聞いてみた。

「いや、どう考えても『神経質』じゃあないでしょう」

やはり、私と同じ意見だった。

M崎候補生は、さらに新しい意見を展開した。

「あれはさあ、もしかしたら笑うところだったんじゃないの？」

「笑うところ？　あのシリアスな場面で？」

「いや、K藤二尉も、お説教してる途中で、少しやりすぎちゃったなと思ったんだよ。だから、最後は笑わせようと思って、ウケ狙いで『神経質な私には耐えられないわ！』って言ってみたんだと思う。だけど、誰も笑わないからさあ……。結局、最後までシリアス路線でまとめて帰っちゃったんだよ」

M崎候補生は大学時代に落語研究会に所属していたせいもあってか、独特の笑いのセンスを持ったWAVE候補生だった。

なるほど、そう言われてみれば、M崎候補生の説も〝アリ〟な気がしてくる。

「神経質」の部分で、笑ってあげればよかったのか？

しかし、もし笑うところではなかったとしたら、大変な展開となる。

K藤二尉は、実は神経質で繊細な方だったのかどうか……。

この件に関しては、今もって謎である。

人違いのパターン

私は昔から目立たず、あまり特徴がないタイプだった。

背も高からず低からず、中くらい。体型もやせ型でも肥満型でもない、中間の体型である。成績も中くらいで、これと言って飛び抜けたものはない。いわば特徴がないのが最大の特徴であり、小学生の頃から、人に与える印象は薄かった。

よって、クラスメイトや担任の先生から、なかなか名前を覚えて貰えない経験が多かった。

だが、自衛隊に入ってから立場は一転した。約二〇〇名の候補生の中で、WAVEの候補生はたった一三名。WAVEというだけで、とても目立ち、名前もすぐに覚えられてしまう。良い点で目立つならまだしも、私の場合、悪い点で目立つのだから、余計に始末が悪かった。

おい、一人居ないぞ。誰だ？　また時武か！　という具合。特に私は、一人だけ集合場所を間違える失敗が多く、「不在といえば時武」で目立っていた。しかし、特徴がないという最大の特徴は一三名の中でも、依然として威力を発揮していた。

よく人違いされるのである。

特に、第五分隊のWAVE候補生であるM崎候補生とは背格好が似ていたらしく、頻繁に間違えられた。

入校当初から、第五分隊長には「おい、M崎！　M崎！」と呼び止められた。私をM崎候補生と間違えていらっしゃるのはすぐに分かったが、なんとなく返事をせざるを得ない状況だったので、「はい！」と返事をして振り向いたところ……。

「あ、すまん。間違えた」と、謝られた。

しかし、件《くだん》のM崎候補生は間違えて誰かから「時武！」と呼ばれた例は一度もないという。

どうやら、人違いのパターンは私が一方的にM崎候補生に間違えられるだけで、逆のパターンは成立していなかったようだ。

お前はどうなんだ？　M崎！

我が第三分隊は、何かにつけ、赤鬼・青鬼の雷撃を受ける機会が多かった。

なにしろ連帯責任なので、一人が攻撃を受けると、総員が三Gに整列させられる運びとなる。

その後、総員で説教を聞く。

次に、その説教についてどのように思ったか、または、こうした事態にならないためにはどうすればよいか、一人ずつ意見を述べさせられる（これは、ランダムに指名されての個別攻撃である）。

最後は、総員で三Gを走らされる。

以上が、大まかな流れだが、ある時、このランダム攻撃の段階で、赤鬼が「お前はどうなんだ？　M崎！」と吠えた。

もちろん、私をM崎候補生と間違えての発言である。

返事をして意見を述べるべきかどうか、私が大いに迷ったのは言うまでもない。

ちょうど、第三分隊長のS本一尉が、赤鬼の後ろで腕組みをして一連の流れを見ていた。

私は救いを求めるつもりでS本一尉の顔を見たのだが、S本一尉はその瞬間にプイと顔を背けて、隊舎のほうへ歩き去ってしまった。

仕方がない。ここは、M崎候補生になり切ったつもりで意見を述べよう。

私が肚を決めた瞬間、赤鬼も間違えに気が付いたらしい。

「どうなんだ？　K田！」

と、私の返事を待たずに、隣のK田候補生へと指名を変更した。

その後、何名かが指名されたものの、私が「どうなんだ？　時武！」と指名し直されることはなかった。

さらに、赤鬼は動揺していたのか、なんと私たちに三Gを走らせる手順をすっ飛ばして、早々に引き上げていったのである。

「あれは、絶対、時武とM崎を間違えたよな？」

「でも、そのおかげで走らされなくて済んでよかったな！」

赤鬼が人違いをしてくれたおかげで走らずに済み、私たちは大いに助かった。

数日後、私は廊下で赤鬼とすれ違った際「おい、時武！」と呼び止められた。

何か服装に不備でもあったのかと思い、びくびくして返事をしたところ……。

「この間はすまなかったな。お前とM崎を間違えてしまった」

なんと、丁寧に謝られたのである。

さらに、分隊長のS本一尉からは、こんな話も聞かされた。

「あの後、幹事付Aは『第三分隊長、申し訳ありません。そちらの分隊の時武を第五分隊のM崎と間違えてしまいました』と、わざわざ俺のところまで謝りに来たんだぞ」

私は感動した。

眼光鋭く、いつも吠えているイメージの強い赤鬼が、こんなにも律儀で誠実な方だったとは！

「ところで分隊長、あの集合の途中で、分隊長は急に顔を背けて帰られましたよね？どうなさったんですか？」

「ああ、あれか？」

S本一尉は急にニヤリと笑った。

「あれは、笑いを噛み殺すのを誤魔化すために帰ったんだ」

なるほど……と、納得した次第だった。

帽振れ！

さて、前回の総短艇時に倒れ、江田島病院に入室となった短艇係のN島候補生についいて話を戻したいと思う。

入室の期間が結構長引いていたので、私も他の二課程学生たちと連れ立って、お見舞いに行った。

短艇《カッター》の鬼であり、〝軍神〟であるN島候補生は、江田島病院では嘘のように大人しくベッドに寝ていた。

入室中もやはり、総短艇のことを心配していたようだった。N島候補生の入室中に、まだ総短艇はかかっていないと告げると、しきりに「うん、うん」とうなずいていた。

私たちに一人ずつ「忙しいのに、来てくれてありがとう」とお礼を述べ、帰る時にも名残惜しそうに私たちを見送っていた。

衛生係のU原候補生は、江田島病院を後にするとき、「いやあ、(病状が)良くなってくれて、ほっとしたよ。あの時は、本当にどうしようかと思ったよ」と、心から安心した様子だった。

それからしばらくして、とうとうN島候補生が江田島病院から退室して、第三分隊に帰って来た。

よくぞ帰って来た、とばかりに出迎えた私たちだったが、心なしか、N島候補生は以前の元気に欠けているような気がした。

退室からほどなくして、N島候補生が幹部候補生学校を辞めるらしいという噂が立った。

倒れたことがきっかけで検査を受けた結果、健康上の理由から、熱望していた艦艇乗組配置の職域に就けないと判明したためだという。

それで元気がなかったのか……。

N島候補生の落胆は如何ばかりかと思うが、私たちにとっても衝撃的な話だった。入校以来、短艇といえばN島候補生であり、軍歌といえばN島候補生だった。まるで、海上自衛隊に入るために生まれて来たようなN島候補生が学校を辞めるなんて。

にわかには信じがたい話だったが、残念ながら事実だった。

「俺の命の恩人、U原。あの時は、ありがとうな」

N島候補生が倒れた際、応急処置に当たったU原候補生も、お礼を言われて、複雑な表情を浮かべていた。

私は短艇競技の練習の際に怒られたくらいで、N島候補生との接点はあまりなかった。

それでも、いざN島候補生がいなくなると聞くと、特徴的な人だっただけに、淋しさを覚えた。

今更だけど、何か私にできることはないだろうか？

そうだ、N島候補生に本を贈ろう！

それは、突拍子もない思いつきだった。

そもそも、数学の好きなN島候補生が、本など読むかどうか分からなかった。しかし、文学部出身の私としては、いざというとき、心の糧《かて》となるのは、やはり本だろうと思った。

学生時代からの座右の書である、吉野源三郎の『君たちはどう生きるか』はどうだろうか？　ちょうど、入校時に自宅から持って来ていたし……。

とはいえ、さすがに私の読み込んだ古本を差し上げるわけにもいかない。

どうせなら、新品を……。思い立って、広島にある紀伊國屋書店まで出かけて行った。ところが、肝心の『君たちはどう生きるか』は品切れだったのか見つからず、代わりに手に取ったのは、山本有三の『真実一路』だった。

どうしてこの本を選んだのかは今もってよく分からないが、とにかく当時の私は「これだ！」と思った。

「N島君、よかったらこれを……」

N島候補生が辞める日の前日、自習室で本を手渡した。N島候補生は一瞬キョトンとした表情を浮かべた後、素直に「ありがとう」と受け取ってくれた。

翌日の午前中、幹部候補生学校を後にするN島候補生の見送りが行なわれた。見送る側の候補生たちが一列に並んで敬礼する中、見送られる側のN島候補生が夏服の第一装で流し敬礼をして行進していく。

最後の「帽振れ！」の号令で、N島候補生は制帽を高々と上げ、三回振ってお辞儀をした。

旧海軍時代から続く、別れの挨拶。私の場合、海上自衛隊に入って初めての「帽振れ」は、このN島候補生の見送りだった。

ぐんぐんと広がっていく夏空に、民間人となる〝軍神〟N島候補生の幸運を祈った。

第11章　ミッション・インポッシブル

父親からの依頼

何度も書いているが、私が海上自衛隊の幹部候補生だった頃、携帯電話はさほど普及していなかった。

まだまだ公衆電話が主流の時代で、私も実家への連絡にはもっぱら公衆電話を利用していた。

当時は、ちょうど衛門の脇に電話ボックスがあり、候補生御用達の場所だった。

私は、だいたい二週間に一度程度の頻度で利用していた。

とある日、実家の父から、職場に提出する書類に関しての依頼があった。娘が正規に就職していることを証明する「就職証明書」が必要とのこと。

「こっち（実家）から、書類を送るから、お前の上司の署名と印鑑を貰って来てくれ」

「いいよ」と即答したいところだったが……。

父の言う「お前の上司」とは、即ち、第三分隊長のS本一尉である。

S本一尉に署名と印鑑を貰いに行くには、まず、入室要領を完璧にこなして、学生隊事務室に入らねばならない。

私の場合、あの厳しい入室要領を一回でパスできるとは、到底思えなかった。

第一、この分刻み、秒刻みのスケジュールの中、学生隊事務室まで足を運ぶ時間をどこからひねり出すか？

気の遠くなりそうなミッションである。

「分かった。署名と印鑑を貰ってくるよ。貰ってくるけど、大変な仕事だから、かなり時間がかかると思うよ」

「署名と印鑑を貰うのが、なんでそんなに大変なんだ？」

受話器の向こうから、父の不思議そうな声が響いた。

父が不思議がるのも無理はない。この学校の難しい（面倒臭い）仕組みは、入校した者でなければ、なかなか理解できないだろう。

しかし、一から説明している暇もないので、「とにかく、大変なの。でも、なんとか貰ってくるから」と、電話を切った。

分隊長との距離

数日後、父から例の「就職証明書」の書類が送られてきた。

さて、どのタイミングで分隊長の元に持っていこうか……。

思案していたところ、まるで、私の事情を見透かしたかのように、分隊長からの「お話」があった。

「いいか、俺は、お前たちの上官であって、決して、親しい〝先輩〟ではない！　ましてや、〝お友達〟なんかでは、決して、ない！」

なんで、急にこんな話を？　ますます、頼みづらいなあ。

分隊長のお話は、まだ続いた。

「よその若い分隊長みたいに、親しみのある〝兄貴〟感覚で指導するテもあるかもしれない。だが、俺はそうしたやり方を採らない。お前たちにとってはやりづらいかもしれないが、俺はお前たちと常に上官と部下の距離感を持って接する！」

「よその若い分隊長」とは、四、五、六分隊の、まだ三〇歳前後の分隊長のことを指していたのだと思う。

この幹部候補生学校では、第一分隊から第六分隊までの分隊長にも、それぞれ序列がある。

当然、第一分隊の分隊長が「先任」であり、序列も一番高い。後は、番号が下るにしたがって序列も下がり、年齢も若くなっていく。

我が第三分隊は、ちょうど真ん中の分隊であり、分隊長の序列もちょうど真ん中だった。

S本一尉は、当時、まだ三〇代半ば。今にして思えば、充分「若い」分隊長である。

だが、後半分隊の三〇歳前後の分隊長たちと、前半分隊の先輩分隊長たちに挟まれて、いろいろな葛藤もあったのではないだろうか。

人一倍涙もろい人情家であったにもかかわらず、分隊員たちの前では決してそうした面を見せまいと、意図的に距離を取っておられたように思う。

私たちにとっては、突然飛び出したかに思えた「距離感宣言」も、S本一尉が常に己《おのれ》に言い聞かせ続けて来たポリシーの一端だったのだろう。

しかし、それはそれ。これはこれ、である。

当時の私は、分隊長のポリシーにまで思いを馳せる余裕はなく、とりあえずは、いかにして最短で署名と印鑑をいただくかに己の知恵を総動員していた。

わざわざ学生隊事務室まで出向けば入室要領で瞬時に撃沈される。

ならば、向こうが出て来たところを狙って不意打ち作戦に出るしかない。

決行は、とある日の夕方。

S本一尉が示達事項を伝えるために出て来られた。私は、その示達事項が終わる瞬間を待って、帰りがけのS本一尉を直撃した。

「分隊長！　お願いがあります。実は……」

緊張のあまり、話がうまく伝わらなかったらしい。

S本一尉は首を傾げた後、

「今の話を、もう一度、要点を簡潔にまとめて話してみろ」

と仰った。

再度トライすると、

「要するに俺の署名と印鑑が必要なんだな？　では、後でその書類を持って俺のところへ来い」

という運びとなった。

よし。これで第一関門突破。次は、学生隊事務室の入室要領クリアだ。

この時、果たして一回でクリアできたかどうか、実は記憶に残っていないのだが……。

とりあえずは、無事に署名と印鑑を貰えた。

しかし、問題は、その後の展開だった。

「お父さん、どうにか署名と印鑑を貰ったよ！　今度、郵送するからね」

意気揚々と実家に電話すると、父から、まさかの応答が！

「ああ、すまん。あの書類だが、書式が間違っていたらしいんだ。新しい書類を送るから、そっちに署名と印鑑を貰って来てくれ」

受話器を握りしめたまま、私が茫然と立ち尽くしたのはいうまでもない。

強面学生の意外な趣味

幹部候補生学校の朝の恒例である課業整列については、既に述べた。

その課業整列で行なわれる、候補生たちの五分間講話では、候補生たちの意外な一面が伺えて楽しい。

テーマが決まっている時は、テーマについて話すのだが、自由テーマの時は、だいたい何を話しても良い。（とはいえ、事前に話す内容を紙に書いて分隊長に提出し、ＯＫを貰わねばならないのだが）

ある朝、強面《こわもて》の一課程学生であるＮ部候補生が、趣味の音楽について話をした。たしか、クラシック音楽の話だったと思う。Ｎ部候補生自身、趣味でトランペットを演奏するそうで、これには皆が驚いた。

エーッ！　N部候補生がクラシック音楽？

スーツを着て歩けば、香港マフィアと間違えられそうな勢いなのに……。

意外性に沸いたN部候補生の講話の後、S本一尉が含み笑いをしながら前に出て来て、感想を述べた。

「いいか。この講話から導かれる教訓は、『人は見かけによらない』ということだ！」

一同うなずき、どっと笑う。

「これが、例えば、F本候補生みたいな奴が出て来て、趣味はクラシックだと言えば、『なるほど』と思うだろう？」

引き合いに出されたF本候補生は、恥ずかしそうに笑っていた。たしかに温厚で育ちの良さそうなF本候補生は、クラシック音楽でも奏でそうなイメージである。

「ところが、N部候補生が、まさかクラシックを聴くなんて……。正直、俺も驚いた。今日は、N部候補生の意外な一面が見られてよかったな。よし、戻れ」

N部候補生は、「はいッ！」と返事をして、照れながら列の中へ戻った。

ちなみに、私は第三分隊の自習室で、N部候補生とは隣同士の席だった。

隣席の一課程学生の意外な一面を知った、五分間講話だった。

「パアッ!」式息継ぎ

さて、前の章から続いている遠泳訓練のための水泳訓練について話を戻そう。

プールサイドでのエア平泳ぎから始まった特訓は、プールの中での息継ぎの特訓に移っていた。

「息は、敢えて吸おうとするな! 必死に吸い込もうとするから、かえって、水が入って噎《む》せたりするんだ!」

ベテランの水泳教官が熱弁を振るう。

しかし、息を吸おうとしないで、どうやって息継ぎをしろというのだろうか?

「いいか。息は吐き切れ。水面に顔を出して、思い切り『パアッ!』と息を吐くんだ! そうすれば、吐き切った息の代わりに、勝手に肺に空気が入って来る!」

エエッ? 本当かな?

半信半疑で、教官の指導通りにやってみると……。

なるほど。たしかに、水面に顔を出して『パアッ』と叫ぶだけで、息継ぎができている。

「パアッ!」

「パアッ！」

プール一面に、赤帽集団の大合唱が響いた。

教官の指導によれば、「パァッ！」の勢いで、水しぶきが飛ぶくらいが良いのだそうな。

しかし、この「パアッ！」式息継ぎでは、たしかに息継ぎはできるものの、呼吸は楽ではない。早く泳ごうとして負荷がかかればかかるほど、苦しい。苦しいから、早く息を継ごうとして「パアッ！」の連発となる。

結局のところ、楽して早く泳げる泳法など、存在しないのだった。

コースロープパニック

水泳訓練も佳境に入ってくると、白帽集団はプールでの訓練を卒業して海面訓練に入る。

文字通り、江田島湾の海に出て泳ぐのである。

この海面訓練に参加するには、プールで規定時間内に規定の長距離を泳ぐ検定試験をクリアしなければならない。白帽集団に続いて海面訓練に出ようとしている赤帽集団にとって、この検定試験が目下最大の課題だった。

検定試験をクリアするのはキツいが、海面訓練自体はプールでの訓練よりも楽だという噂もあった。海面のほうが浮力が効く分、泳ぎやすくなるらしい。

しかし、潮の流れによる抵抗があったり、波があったりと、逆に増える負荷もある。

さらに、最大の負荷は、足が着かない点である。

第一術科学校のプールも深くて、足は着かないが、なんといってもコースロープがある。いざというときは、コースロープに摑まればよい。

この安心感が、実はクセモノだった。

いつのまにか泳いでいるうち、急に、とてつもない恐怖に駆られて、コースロープに摑まる癖が身に付いてしまった。

当然、教官たちからは注意された。

「時武！　海面に出たら、コースロープなんかないんだぞ。むやみやたらにコースロープに頼るな！」

そもそもコースロープとは、コース分けのためにあるもので、摑まるためにあるものではない。

分かっちゃいるけど、やめられない……。

一種のパニック障害みたいなものだ。

このまま検定試験をクリアできなかったらどうしよう。遠泳訓練をクリアできなかったらどうしよう。諸々の不安がプレッシャーとなり、泳いでいる途中で急に「溺れる！」という恐怖を生み出していたのかもしれない。

とうとう最後まで赤帽としてプールに残ったのは、我が第三分隊では、二課程学生のF本候補生と私、あとは室次長のK宮候補生くらいとなった。

F本候補生は、例のN部候補生の五分間講話の時に引き合いに出された、温厚な候補生である。温厚なだけでなく、芯の強い努力家で、コツコツと練習を積んで水泳能力を着実に上げていた。

K宮候補生は、残念ながら途中で腕の筋を痛めたか何かで、水泳訓練自体に参加できない状態だった。

K宮候補生は負傷者扱いなので別格として、最後の砦であるF本候補生に置いていかれては、海に出られない赤帽は私一人となる。

変な焦りが、余計にコースロープに頼る執着を生み出していた。

緊張の検定試験

「パアッ！」式息継ぎをマスターしたものの、持病の（?）コースロープパニックは、なかなか克服できずにいた。

休日も第一術科学校のプールに通って練習していたが、泳いでいる途中で急に恐怖に襲われ、コースロープにしがみついてしまう。溺れる者は藁をも摑むというが、私の場合、溺れる前からコースロープを摑む、である。

しかも、泳ぐスピードもいまいち。

「りほちゃん、そんな水の蹴り方じゃあ、全然推進力になってないよ！」

水泳の元国体選手である、WAVEのS井候補生に指導してもらったところ、「話にならない」といった顔で呆れられてしまった。

それでも、無情にも検定試験の日はやって来た。

遠泳訓練のための海面訓練に参加できるかどうかを見極める検定試験。どんな試験かといえば、第一術科学校の広大な五〇メートルプールの中を、グルグルとノンストップで四〇〇〇メートル（おぼろげな記憶なので数値は正しくないかもしれない）ほど泳ぎまくるのである。

規定時間内に四〇〇〇メートルを泳ぎ切れれば合格。翌日から海面訓練に参加できる。不合格ならば、再びプールで特訓だ。

さすがに、もうプールで泳ぐのはうんざりだった。既に海面訓練に出ている分隊員たちに置いていかれる焦りもある。ここはなんとしても合格したいところだが……。

泳いでいる途中で、またコースロープに摑まってしまったらどうしよう。その時点で失格だ。

覚悟を決めて試験に臨んだ私は、意図的に赤帽集団の真ん中の位置をキープして泳ぎ続けた。

前に誰かがいれば怖くない。後ろにも誰かがいれば、追われるプレッシャーから、コースロープになど摑まっていられない。

泳いでいる間はずっと「ここはプールじゃなくて、南洋の海！」と思い続けた。トロピカルな海でカラフルな熱帯魚とともに遊泳を楽しんでいるという設定である。トロピカルな海に、黄色いコースロープなんて存在しない！　実際は水面に顔を出すたびに「パアッ！」「パアッ！」と叫び続ける赤帽集団の一員なのだが……。

設定が良かったのか、どうしても合格したい思いが強かったのか、私はとうとう最初から最後まで真ん中の位置をキープし続けた。

みんなから置いていかれなかったということは、それなりのスピードで泳げたわけである。

「よし、合格！」

水泳の教官から、海面訓練への参加を許された時は、信じられない気持ちだった。

小学生の頃から、筋金入りのカナヅチだった私が、四〇〇〇メートルもの距離をノンストップで泳ぎ切った。努力すれば、奇跡は起きるものなのだなあ。

いよいよ次は海面訓練。コースロープとも本格的におさらばだ。プールに浮いている黄色いコースロープを振り返りながら、私は心の中で「バイバイ」と手を振った。

カタパルト発進

海上自衛隊の幹部候補生学校と第一術科学校は、江田島湾に臨むようにして建っている。

江田島湾で使用した小型船舶やヨット、短艇などを陸揚げするときに用いられるのが通称「すべり」と呼ばれる場所である。

ちょうど岸壁から湾へと続くスロープを想像していただければ分かりやすいと思う。遠泳訓練のための海面訓練に参加する者たちは、この「すべり」を使って江田島湾へと下りる。

準備体操などもこの「すべり」の側で行ない、総員が隊列を組んでゆっくり海に入って行く。

初めて海面訓練に参加した際、私が真っ先に抱いた感想は「まるで集団入水自殺みたいだな」というものだった。

しかも、既に何度も海面訓練を積んでいる白帽たちの顔は、ゴーグルの跡をくっきりと残して日焼けしている。目の周りが黒いパンダの逆で、目の周りだけが白い「逆パンダ」状態である。

総勢二〇〇名ちかくの逆パンダの集団が列を成して、入水していく。

傍から見れば、なんとも異様で、物々しい儀式に見えたことだろう。

隊列は各分隊ごとに組み、赤帽の周りを白帽が取り囲んで、赤帽を護衛する配置になっている。私の周りにも当然、泳ぎの達者な白帽が配置され、日の丸のような配色で海面訓練がスタートした。

プールと違って、海は浮力が効くので、泳ぎやすさの点からいえば、海面訓練のほうが断然に楽だった。

「こんなに簡単に浮くなんて、なんて楽チンなんだろう！」

必死の思いで「パアッ！」式息継ぎをしなくても、悠々と顔を海面に出したまま泳げる。

最初は感動したが、そのうち、海ならではの難点に直面した。

波があったり、潮目に当たったりするので、泳いでも泳いでもすぐに戻され、なかなか前に進まないのだ。いつの間にか、前の白帽との差は開き、後ろの白帽とは距離が詰まってつかえてしまう。

私の列はいつも、私のせいで大渋滞だった。

当然、後ろの白帽たちからは苦情の声が上がる。

「おい、もうちょっと早く泳げないのか？」

しかし、既にマックスの力で泳いでいるので、それ以上は赤帽の限界だ。

と、その時、後ろの白帽が私の足を掴み、グイッと前に押し出した。

押し出された勢いで、私は蹴伸びの姿勢のまま、スイーッと海面を進み、あっという間に前の白帽に追いついた。

いったい誰が？

一課程学生の体育係、T橋アルファ（T橋の苗字は二人いたので、一課程学生のほうをT橋A《アルファ》、二課程学生のほうをT橋B《ブラボー》と呼んでいた）候補生だった。

「どうだ？　時武。カタパルト発進だ！」

T橋アルファ候補生は、私を押し出した分、後ろに下がるわけだが、驚異の泳力ですぐに後れを取り戻した。

「後がつかえたら、今みたいに押してやるから安心して泳げよ！」

逆パンダの顔で飄々と笑うT橋アルファ候補生が、白帽を被った神に見えた。

こうして、私の海面訓練はT橋アルファ候補生によるカタパルト発進に支えられたのだった。

夏制服の下には……

幹部候補生学校の教務や訓練は各教務班ごとや各分隊ごとに行なわれるため、教務班や分隊の違うWAVEとは、なかなか接点がない。

強いていえば、皆、寝室が一緒なため、寝室で顔を合わせるくらいだった。

だが、私と背格好が似ている第五分隊のM崎候補生とはよく食堂で顔を合わせた。

背格好が似ているだけあって、行動パターンも似ていたのだろうか。

ある時、向かい合って一緒に食事をしながら、M崎候補生の白の夏制服になんとなく違和感を覚えた。決して汚れているわけでもなさそうなのに、うっすらと黒っぽい感じがする。

訝《いぶか》し気な私の視線に気づいたのか、M崎候補生がニヤッと笑った。

「気が付いた?」

「もしかして、下に水着を着てる?」

M崎候補生は頷いて、また笑った。

下に紺色の分隊水着を着ているため、その色が制服から透けて、黒っぽく映っていたらしい。

なんと、大胆な！

おそらく、午後からの海面訓練に備え、早めに水着を装着して食事を摂りに来たのだろう。

一般社会ならいざ知らず、服装容儀に厳しい幹部候補生学校では、こうしたフライングは一切許されない。

「よく、食堂まで無事に来られたねえ」

私も左右で大きさの違う肩章を付けたまま、一週間ほど堂々と過ごした経験があるので、あまりとやかくは言えた身分ではない。

しかし、私の場合は、自身でも肩章の大きさの違いに気付いていなかった。M崎候補生の場合は、敢えてフライングして水着を装着しているのだから、確信犯である。

「いや、途中で分隊長に呼び止められたけどね」

「なんて言われたの？」

「『ちょっと待て。お前、まさか！』って」

M崎候補生は、とぼけた表情で淡々と話す。

「あんまり何度も『お前、まさか！』って繰り返すから、『いやあ、気のせいですよ』って躱《かわ》してきた」

すごい……。

私だったらとても躱しきれない。

背格好はよく似ていても、肝の据わり方は似ていない。M崎候補生のほうが格段に上だ。

M崎候補生の度胸に感心した次第だった。

ありがたいWAVEの室次長

第一分隊のWAVE、I黒候補生はWAVE切っての才媛だった。

六個分隊の室次長たちのうち、唯一WAVEで室次長を務めていた。

私たちの時代は、室長が一課程学生、室次長は二課程学生と決まっていた。

まあ、学級委員長と副委員長みたいなものである。

分隊長からの指示やスケジュールについての情報は、室長や室次長を通して伝達されるので、この二人があらゆる情報を握っているといってよい。

その分、室長会議や室次長会議でプライベートな時間を取られるので、激務には違いなかった。

I黒候補生は、いつも分厚い手帳を持ち歩いており、そこに会議で得た情報を書き付けては確認していた。とても助かったのは、その情報をいち早くWAVE寝室で読み上げて教えてくれたことだった。

我が第三分隊の室次長はK宮候補生という男子候補生で、「宮さま」の通称で通っていた。

同じ情報でも、宮さまからの伝達は、寝室が別なので、どうしても翌日以降となる。

だが、I黒候補生からの情報ならば、当日の夜にWAVE寝室で直接聞ける。

「近々、○○の点検があるらしい」とか、何かと準備が必要な情報は一刻も早く手に入れておきたい。また、うっかり宮さまから聞き漏らした情報も、I黒候補生に聞けば、すぐに返事が返って来る。

まるで生き字引のように、何でも知っているI黒候補生は、WAVEの中でも実にありがたい存在だった。

ルール、ルールルール

第一から第六までの六個分隊には、それぞれの分隊カラーと同様、しっかりとした個性《カラー》があった。

WAVEで室次長を務めるI黒候補生が所属する第一分隊は、さすが先任分隊だけあって、「成績優秀」が個性だった。

各教務ごとの筆記試験の成績もさることながら、通信の練度も非常に高かった。

聞くところによれば、分隊長命令により、通信係が中心となって、熱心な自主特訓を行なっていたとか。

ちなみに、幹部候補生学校で習う「通信」とは、主に手旗信号、発光信号、旗旒信号の三つである。私は残念ながら、どれも苦手で追試を受けたクチだが……。

第一分隊の分隊員で追試を受けた者など一人もいなかったのではないだろうか。

分隊長自らが音頭を取って作成させたという、通信の競技・試験用のトレーニングペーパーをチラリと見せて貰ったことがある。

主に、発光信号を語呂合わせで覚える方法を用いたもので、語呂合わせの語句はもちろん、「長」と「短」の記号から成る練習問題がびっしりと並んでいて驚いた。

ここでいう「長」とは「―」、「短」とは「・」で表記される。

発光信号では「長」は長く光り、「短」は短く光る。

よく「ツー」と「ト」という発音で表現され、発光信号を音声に変換すると、独特の抑揚が出る。

この抑揚を語呂合わせしてみると……。

例えば、「ル」であれば「―・――・」の表記で、「ルール修正す」。他に、「イ（・―）」は「伊藤」、「テ（・―・――）」は「手数な方法」、「シ（――・―・）」は「周到な用意」となる。

実際に受信してみないと、分かりづらいとは思う。

だが、熟練した海曹の方々などは、発光信号を見ているだけで、頭の中で信号が文字変換され、まるで文章を読むかのように通信文を受信できるという。

ある時、I黒候補生がWAVE寝室で、発光信号に関するこぼれ話をしてくれた。

優秀分隊である第一分隊にも、発光信号の苦手な分隊員がいるそうで、その分隊員に「どういう覚え方をしているの?」と尋ねたところ……。

「『ル』は『ルール、ルールルール』。『テ』は『テテーテ、テーテー』って覚えてるんだって!」

I黒候補生は呆れ顔で「全部そんな調子じゃあ、覚えられるわけないよー」と苦笑いしていた。

横で話を聞いて私は、思わずドキリとした。

私もまさに「ルール、ルールルール」と唱えていたクチだったのだ。どうりで発光信号が苦手なわけだ。

この件は、I黒候補生にはクチが裂けても言えない、と思った次第だった。

第12章　八マイル遠泳訓練本番！

いよいよ八マイル遠泳

T橋アルファ候補生によるカタパルト発進に支えられ、海面訓練も佳境を迎えた。私の泳力は相変わらずで、赤帽の域を脱していなかった。しかし、海面訓練を通じて分隊の結束は、ぐんぐんと強まっていた。

最後まで赤帽を「お荷物」扱いにしなかった第三分隊の懐《ふところ》の深さには本当に感謝している。

「みんなで泳ぎ切ろう！」という高い士気の元、第一学生隊全体が盛り上がっていたように思う。

いよいよ迎えた遠泳訓練当日の朝。私たちは特別日課で、午前七時三〇分ごろ、「すべり」から海に入った。

これくらいの時間から泳ぎ始めなければ、日没までに八マイルの距離はとても泳ぎ切れないのだ。

前日の夜は、睡眠時間確保のため自習室の延灯は「なし」。総員が万全の体調で遠泳訓練に臨めるよう、学校を上げての取り組みだった。

各分隊ごとに隊列を組んでの平泳ぎ。その周りを救助艇としてヨットが護衛し、さらに各分隊長や教官たちが乗艇する短艇が並走する。

江田島湾の入り口では、陸上警備の教務教官たちがフカ警戒員として、六四式小銃を構えて待機する、といった念の入り様である。

江田島湾にサメが入り込んでくる可能性はあまり高くないと思われるが、これも伝統の配置なのだろうか。「フカ警戒員」という名称に、旧海軍時代からの歴史を感じた。

海の鯉もしくは海の金魚

物々しく始まった遠泳訓練だが、出だしはまずまず好調だった。

泳ぎ始めこそ少し寒かったものの、日が高くなるにつれて海水温度も上がり、泳ぎやすくなった。

まだ体力的に余裕のある頃なので、泳ぎの達者な者たちは、泳ぎながら周りと会話したり、かけ声をかけ合ったりなどもしていた。

しかし、私は最初から必死だった。周りと軽口を叩き合う余裕などない。

ひたすら基本に忠実に「パアッ！」式息継ぎを繰り返していたように思う。

やがて、午前一〇時を回ったころだろうか、「小休止」が入った。

海面に顔を出したまま浮いていると、分隊長や教官たちが短艇から乾パンを海面に撒いてくれた。イメージとしては、池の中の鯉に餌を撒く状態に近い。もしくは、水槽の中の金魚に餌をやる感じだろうか。

乾パンを撒かれたほうの私たちも、鯉や金魚のごとく一斉に乾パンに群がり、喜んでこれを呑み込んだ。撒かれたばかりの乾パンはパリパリとしているが、少し時間が経つと海水の塩分を吸って、適度な塩味となる。

これがまた、なかなかイケる！

しっとり塩味（潮味？）の乾パンを口に含みながらの小休止は、とても楽しかった。日は高く輝いていたし、仲間たちも乾パンを頬張りながら笑顔が絶えなかった。

ずっとこんな調子で最後まで泳ぎ切れたら良いだろうな……。

誰もがそう願ったはずの小休止だった。

海の上での昼食

予定通りにいけば、こうした小休止を何回か挟みながら、夕方までに八マイルを泳ぎ切ってゴールとなるはずだった。

ところが、ちょうど昼食時のころから、雲行きが怪しくなってきた。

雲行きといっても天候の話ではない。状況の話だ。

潮の流れに流されて、本来、昼食時までに泳げていなければならない距離を泳げていなかったらしい。よって、昼食の時間も早目に切り上げる運びに……。

「充分な休憩は取っていられないから、昼食はできるだけ早く済ませるように！」

私たちは、こうした注意と状況説明を泳ぎながら聞いた。

短艇の上から、教官たちが拡声器を使って叫ぶのである。

正直、まだそれほど空腹でもなかったが、ここで昼食を摂っておかなければ、また遅れが出て、ますます時間が取れなくなるだろう。

慌ただしく、昼食のための集合がかかった。

昼食は、短艇の上に上がって食べるわけではなかった。各分隊ごと、短艇の縁に掴まり、海の上で食べるのである。

我が第三分隊は、分隊長のS本一尉の集合合図の下、一斉に第三カッターの周りに群がり、艇の縁に手をかけた。

「片舷ばかりに群がるな！　両舷均等に手をかけろ！」

S本一尉が短艇の上から注意する。

ごもっともな話だ。昼食のために艇が傾いて転覆したとあっては、とんだ笑い話。いや、一大事だ。

さて、この時の昼食のメニューだが……。

各自焼きおにぎり二個にバナナ一本。五〇〇ミリリットルのスポーツドリンクのペットボトル一本だったと記憶している。いずれも、片手で食べられるように配慮されたものばかり。

集合のかかった時は、さほど空腹ではなかったものの、いざ食べ始めると、これがまた、おいしい！　七時半からずっと泳いでいるため、空腹の自覚がないだけで、やはり、お腹は空いていたのだろう。

決して特別な焼きおにぎりではない。よく出回っている冷凍品を解凍しただけのものにすぎない。しかし、しょう油とご飯という最強の組み合わせが、海の上で食べると、格別に感じられるから不思議だ。

総員二五名分の食糧を積んだ第三カッターは、両舷に空腹の候補生たちをぶら下げて、

遠泳訓練①　8マイル遠泳訓練本番、「すべり」から分隊ごとに隊列を組んで江田島湾に入る候補生たち。後方には事故に備えて海自の救急車が待機する〈海上自衛隊提供〉

遠泳訓練②　各分隊は泳力に劣る「赤帽」を泳ぎの達者な「白帽」が囲み護衛するような配置で進む。「みんなで泳ぎ切ろう！」と学生隊の士気は高い〈海上自衛隊提供〉

遠泳訓練③　昼食は分隊ごとに分隊長の乗る短艇の縁に摑まって海上で食べる。著者の時は、各自焼きおにぎり2個にバナナ1本、スポーツドリンク1本だった〈海上自衛隊提供〉

遠泳訓練④　昼食後も遠泳は続く。午前中は余裕を見せていた白帽組も午後になると無駄口をきかなくなる。伴走の教官艇から拡声器で激励の声がとぶ〈海上自衛隊提供〉

遠泳訓練⑤　夕方、ようやく朝出発した「すべり」にゴール。しかし、あまりに長時間泳いだため足が萎えてしまって、みな這って斜路を上がってゆく〈海上自衛隊提供〉

とても賑やかだった。

総員が海に入っているため、これらの食糧を配る役目は、艇上にいる手空きのS本一尉が一人で背負う流れとなった。

「分隊長！　恐れ入ります！　バナナ取って下さい！」

「分隊長！　おにぎりのお代わりありますか？」

両舷から艇上のS本一尉に次々とオーダーが殺到する。

「ええい、ガツガツするな！　俺はお前たちの給仕係ではない！」

手際よくオーダーをさばいていたS本一尉もさすがに閉口した様子で、艇上から叫んでいた。

日頃、分隊長から命令されることはあっても、分隊長に公然と注文できる機会など滅多にない。ここぞとばかりの注文に、S本一尉も参ってしまったのだろう。

連続カタパルト発進

さて、賑やかな（喧騒に近い？）昼食が終わると、またひたすら平泳ぎである。

しかも、昼食のためにロスした時間を取り戻さねばならないため、結構なスピードアップが要求された。

午前中は軽口を叩き合っていた白帽組も、さすがにそんな余裕はなくなっていた。黙々と平泳ぎが続く。

時折、教官たちが拡声器で「また潮に流されてるぞ！　もう少しスピードを上げろ！」と叫ぶ。

え？　これで精一杯なのに？

やはり、赤帽と白帽の差は歴然としていた。いくら必死に泳いでも、前を泳ぐ白帽との距離は、どんどん開いていく。

やがて、見るに見かねたのか、T橋アルファ候補生が足を掴んで押してくれた。例のカタパルト発進である。

あっという間に、前の白帽に追いつく。

本来ならお礼を言いたいところだが、振り返っている余裕もないし、声を発する余裕もない。感謝の気持ちは、懸命な平泳ぎで表わすしかない。

夏の日は長いはずなのに、午後になってだんだん日が傾いてくると、次第に焦る気持ちも強くなってきた。どうにかして夕方までにゴールさせたい教官側にも焦りはあったのだろう。

みんなの焦りが、暗雲立ち込めた空気を作り出していたように思う。

午前中のような小休止もなく、もちろん乾パンが撒かれることもなく、ただ黙々と平泳ぎは続いた。

拡声器で呼びかけられるのは、「スピードアップ」のみ。

しかし、泳いでも泳いでもゴールは見えず、前の白帽からは遠ざかっていくばかり。

いよいよ駄目かと思うと、見るに見かねたようなカタパルト発進。

延々とこの繰り返しだった。

不撓《ふとう》不屈《ふくつ》の精神

日没が近づいてくると、次第に海の色も変わって来た。

昼間は日光に照らされて青々としていたのに、夕方からは暗みが増して、どす黒い感じである。水温も下がって寒くなり、漠然と不安な気持ちになる。

こうして隊列を組んで泳いでいてさえ不安なのだから、たった一人で洋上に放り出されたら、どんな気持ちだろう。

いくら八マイルを泳ぎ切れる泳力があったとしても、途中で気がおかしくなるに違いない。

不撓不屈の精神を養う……。

この遠泳訓練のそもそもの目的を思い出した。

なるほど。こういうことか。みんなで海の上で乾パン食べたね。おいしかったね。チャン、チャン！　で、終わる訓練ではないのだ。

あまりに長時間泳いでいるので、もうフォームも滅茶苦茶だったと思う。ただ、例の「パアッ！」だけは、基本に忠実に続けていた。

感動の花道

水温の低下と体力の減少。ほぼ惰性のように繰り返していた平泳ぎは、日没が迫るにつれて次第に競泳に近くなってきた。

もう、顔を水面に出したまま泳ぐ者はいなかった。

どんなに泳ぎの達者な者でも、競泳のように、身体を上下させて必死の息継ぎをしていた。

「あともう少しでゴールだぞ！」

ようやく教官たちから声がかかった頃には、空はすっかり夕焼けの色に染まっていた。

ゴールが近づいたからといって、スピードを落としてよいわけではない。しかし、「まだまだ」と知らされるより「あと少し」と知らされたほうが俄然、燃える。

昼食以来、ほとんど無言だった隊列に、急に活気が戻った。

「あと少しだ！　頑張るぞ！」

どこからともなく、かけ声も上がり、限界間際のラストスパートが始まった。

朝の七時半に出発をしてから、既に一〇時間近くが経過していた。

ゴールは出発地点と同じ「すべり」である。

同じ場所であるのに、帰還時はまた別の場所に見える。

「『すべり』が見えて来たぞ！」

隊列に新たな力が漲《みなぎ》った。

「すべり」につながる岸壁には、出迎えの教官たちや第二学生隊の皆さんたちが、花道を作って待っていてくれたように思う。

先頭を泳いでいた第一分隊の集団がゴールして、「すべり」を上って行くと同時に、岸壁から上がるどよめきが聞こえた。

続いて第二分隊がゴール。

いよいよ我が第三分隊が「すべり」に入った。

「すべり」を上がるにしたがって、水深が浅くなる。

出発時は歩いて入水していったコースを、今度は逆に上陸していくわけだが……。

なんと、足は着くのに歩けない！

いや、あまりに長時間泳いだせいで、下半身が萎えてしまい、腰が立たないのだ。

そんな馬鹿な！

産卵時のウミガメのように「すべり」を這って上がりながら、私は「生物」の教科書に書いてあった「生命の進化」の図を思い起こした。

初めて生命が海から陸に上がった瞬間とは、まさにこんな感じだったのではないだろうか？

初めての飴湯

海の浮力にすっかり慣れてしまったせいか、陸に上がっても自身の体重を二本の足で支えきれない。

しかし、それは私だけではなかった。周りを見渡せば、誰もが歩き方がおかしい。

ふらふらと心許ない足取りで「すべり」を上がっていくと、岸壁から拍手が湧き起こった。

「やったな、時武！　泳ぎ切ったな！」

第三分隊の仲間たちからも、赤帽の私を労ってくれる声が上がった。

しかし、私一人で泳いでいたら、まず完泳はできなかっただろう。

例のカタパルト発進を始め、分隊総員による援助と励まし合いがあったからこそ、初めて達成できた。不撓不屈の精神もさることながら、団結の力の凄さを思い知った瞬間だった。

感極まって泣いている者も多かった。もちろん、私も泣いた。

そんな感動の花道行進の後、待ち受けていたのは、飴湯だった。

飴湯とは、飴をお湯で溶いたような飲み物である。私もこのとき初めて飲んだ。食堂で使われているプラスチックのお椀に、手空きの教官たちがお玉で注いでくれたように思う。

初めての飴湯は生ぬるく甘く、さほど美味しいものではなかった。

しかし、昼食以来、何も食べていない身体に、飴湯の甘さはやさしくしみわたった。

初めてなのにどこか懐かしい。不思議な飲み物である。

完泳の達成感とともに、あの生ぬるい甘味を、今でも時々思い出す。

あとがき

本書は、ごく普通の女子大生だった私が、ひょんなきっかけから海上自衛隊の幹部候補生となった物語です。

親類や知り合いに海上自衛官がいたわけでもなく、大学での専攻は古事記や万葉集といった日本の古代文学。しかも、筋金入りのカナヅチ。

そんな私がまさか海上自衛隊幹部候補生学校に入るなんて……。

まったく冗談のような話ですが、すべて実話です。

まさに、事実は小説より奇なり！

「えっ、海自の幹部候補生って、こんな訓練をしてるの？」

「へえ、こんな人たちが幹部自衛官になるんだあ」

意外に知られていない幹部候補生学校の生活や候補生たちの素顔を、私の実体験を通してお伝えできたらと執筆にあたった次第です。

今から二〇数年前の話ではありますが、江田島の幹部候補生学校の訓練、日課は昔と変わっていません。ちなみに本文中に掲載した写真は、現在の幹部候補生学校の訓練・生活を写したものですが、その様子は私たちが在校していた頃とほとんど同じです。

旧海軍兵学校時代から続く伝統は今も健在なのです。

旧海軍兵学校といえば「赤レンガ」の生徒館を思い浮かべる方も多いでしょう。江田島の象徴として絵葉書のモチーフにもなっているくらい有名な建物です。

現在は特別な時以外は使用されていないようですが、私たちの時代はまだこの「赤レンガ」を日常的に使用して生活していました。

「赤レンガ」の中の自習室で延灯して勉強したり、休憩室で同期と楽しく談笑したり……。

伝統ある建物で、じつに貴重な時間を過ごさせてもらいました。

本書でもふれたとおり、「赤レンガ」の玄関を通ってよいのは入校時と卒業時のみ（唯一の例外として総短艇《そうたんてい》時も許可されますが）。

最初はリクルートスーツ姿で玄関を入った私が、最後に三等海尉の制服に身を包み、礼装用の白手袋をはめて玄関を出るまでに、どれほどのドラマが展開したことか！

このドラマを語るうえで欠かせないのは、我が第三分隊の分隊長S本一尉と個性豊かな分隊員の面々。

候補生たちを束ねる分隊長と候補生たちの関係を一言で説明するのは、とても難しいものがあります。

普通の学校の担任の先生と生徒との関係とも違えば、会社の上司と部下の関係とも違う……。

「いいか、俺はお前たちの先生でもなければ、先輩でもない。ましてや、オトモダチなんかでは決してない！」

S本一尉がよく口にされていた言葉です。

人一倍涙もろい人情家でありながら、候補生たちと馴れ合いの関係にならないように、常に己を律して距離を保とうとされていたのではないでしょうか。

候補生時代の著者(右)。よく間違えられたM崎候補生と赤レンガ庁舎の前で〈著者提供〉

そんな分隊長の下、我が第三分隊の面々は伸び伸びすぎるほど、それぞれの個性を発揮し、いつも思わぬ事態で分隊長を驚かせ、呆れさせたのでした。

この同期の絆もまた、たんに学校の同級生という以上に熱く、強く、太いものがあります。

とくに、我が第三分隊は防衛大学校出身の一課程学生と一般大学出身の二課程学生との間の垣根が低く……、というより両者とも垣根など無意味なくらいに個性が強く、独自のカラーを持った分隊でした。

個性が強い者同士で空中分解するかと思いきや、意外や意外、結束力は強かったのです。

そのためか、卒業後二〇数年を経た今でも分隊長の鶴の一声で、当時の第三分隊は現役、退職者を問わず集結し、海上自衛隊の将来や思い出話に花を咲かせながら酒杯を傾ける間柄です。

私にとって、第三分隊での一年間は、大学での四年間以上に密度の濃い、ミラクルな一年間でした。

まったくのカナヅチからスタートして、八マイル（約一五キロ）の遠泳訓練をクリアできたなんて、それだけでも充分にミラクルです。

もちろん、他にもミラクルはたくさん起こりました。私一人の力だったら到底無理だったでしょう。これもひとえに、ともに学び、訓練に励んだ仲間のおかげ。指導してくださった教官たちのおかげです。ありがとうございます。

ご迷惑をおかけした点も多々ありますが、どうか平にご容赦を……。

さて、江田島からはじつに多くの幹部自衛官が生まれました。

特に最近では女性幹部自衛官の司令や艦長の活躍も目立っています。女性自衛官の職域も広がり、いよいよ女性自衛官が潜水艦に乗り組もうかという時代になりました。

しかし、私が候補生だった頃はまだ女性自衛官の艦艇乗組自体が珍しかった時代。

卒業後、女性幹部の艦艇乗組要員の草分けとして、ピカピカの新造艦だった練習艦「かしま」で世界一周の遠洋練習航海に参加できたのも、今にして思えば栄えある幸運だったのかもしれません。（この辺の話は続巻にて！）

幸運といえば、潮書房光人新社の月刊誌『丸』での「ぼたんがキラリ」の連載、そして、本書の出版もまさにミラクルな幸運にほかなりません。

打ち合わせや編集作業等、多岐にわたってお世話になった潮書房光人新社の方々、写真を提供していただいた海上幕僚監部広報室、軍事フォトジャーナリストの菊池雅之氏に心より御礼申し上げます。

また、SNSや『丸』の巻末の読者はがき等で、いつも私を応援してくださっている方々。皆さまのお声がどれだけ執筆の励みになったことか。

そして、なにより本書を手に取ってくださったあなた。本書を最後まで読んでくださって、本当にありがとうございます。

出会いに感謝。ミラクルな幸運に感謝です。

また続巻でお会いできますように。ヨーソロー！

二〇一九年　一月吉日

時武里帆

文庫版のあとがき

単行本の『就職先は海上自衛隊「女性士官候補生誕生」』が刊行となってから三年が経ちました。

わずか三年、されど三年。この三年間には、様々なできごとがありました。新型コロナウィルス感染症はいまだ終息には至っていませんし、ロシアによるウクライナ侵攻も予断を許さない状況です。日本を取り巻く安全保障環境もしだいに厳しさを増してきました。

そんななか、私事で恐縮ですが筆名を時武里帆に改め、小説『護衛艦あおぎり艦長早乙女碧』シリーズ（新潮文庫）を上梓し、初の文庫本デビューを果たすはこびとなりました。続いて本書の文庫化です。単行本時より多くの方々にお手に取っていただきやすくなったのではないでしょうか。

小説のほうから読まれた方も本書から読まれた方も、なんとなく「あ、この場所はもしかして……」とか、「あれ？ このエピソードって……」など、ぜひ両著のつながりを見つけ、楽しんでいただけましたら嬉しいです。

両著の舞台となっている広島・呉・江田島は、私が二〇代半ばの時期を過ごした思い入れ深い場所ですが、当時と今では町の様子もかなり変わりました。小説の取材のために久しぶりに再訪して驚いた次第です。

小説のほうでは現在の様子に近づけ、アップデートされた描写を心がけましたが、本書の中の江田島と赤レンガは当時のまま。つまり、私の記憶の中のままです。四半世紀かけたビフォー・アフターを本書と小説とで読み比べていただくのもご一興かと。

当時と比べて現在は世間の自衛隊に対する関心がかなり高まっていると実感します。漫画や小説、ドラマや映画などでも自衛隊を題材にしたものが数多く発表されており、その中でもとくに女性自衛官への注目が集まっています。

これは防衛省・自衛隊が女性の採用を積極的に行ない、女性の活躍を推進している現状も影響しているのでしょう。防衛白書によれば全自衛官に占める女性の割合を、令和三年三月末現在で七・九パーセントのところ、令和一二年度までに一二パーセント以上にする方針のようです。

また登用については、令和七年度末までに佐官以上に占める女性の割合を五パーセント以上にするよう目指しているとのこと。

海上自衛隊の主力を担う艦艇部隊でも、これからは女性艦長、女性司令の活躍が当たり前の時代になるのかもしれません。（もうすでにそうなっていますよね！）

ちなみに、本書『就職先は海上自衛隊』の時代では、まだ女性艦長は存在していませんでした。そもそも自衛隊に対する知識がほぼゼロの状態で入隊した私にとって、護衛艦の艦長なんてはるか雲の上の存在です。

幹部候補生学校卒業後の遠洋練習航海実習さえ、自分が女性自衛官として初参加することになるなど想定していなかった有様。幹部候補生学校の訓練をクリアした後は陸上部隊で事務系の仕事をして、将来は海上自衛隊の広報に関する仕事に就けたらいいなあくらいの気持ちだったのです。ところが、これも思惑を大きく外れて練習艦勤務となり……。（このあたりのあたふたとした感じは、私の小説デビュー作『ウェーブ～小菅千春三尉の航海日誌～』でお楽しみいただければと思います）

私の現役時代はまだ女性自衛官が「婦人自衛官」と呼ばれていた時代です。当時とくらべて現在の防衛省・自衛隊における女性自衛官は一人一人の意識もワークライフバランスもかなり変化したように思います。

海上自衛隊において、女性自衛官の護衛艦への配置制限が解除されたのが二〇〇八年。（二〇一八年には潜水艦を含めた配置制限も撤廃。）二〇〇九年には海洋観測艦わかさで初の女性艦長が就任し、二〇一三年になると練習艦せとゆきとしまゆきで同時に二名の女性艦長が就任しました。

このころ、すでに自衛隊を退職し子育ての真っ最中だった私は、ニュースを見てただ驚き感心するばかりで、まさかこの数年後、自身の元に女性艦長小説の執筆依頼が舞い込むとは夢にも思っていませんでした。

人生、どこでなにが起こるか分かりませんね。

小説執筆にあたっての問題は、三等海尉で退職した私が二等海佐の女性艦長を書くというハードルの高さです。まず、本当にそんなことができるのか？　という葛藤から始まりました。

しかし、殺人犯が主人公の小説を書くにあたり、人殺しの経験がないと書けないかというと、そうでもないわけで。同様のたとえを女性艦長に当てはめるのは少々無理がありますが、この機会を逃したら、もう二度と小説執筆のチャンスは巡ってこないかもしれません。デビュー作が最初で最後の小説になってしまいます。

これはもうやるしかない。是が非でもチャレンジすべき！　心に決めてお受けした次第です。

本書に登場する時武候補生が等身大の自分だとすれば、小説の中の早乙女艦長は私の理想像なのかもしれません。その対比を楽しんでいただくもよし、共通点を見つけていただくもよし。一人でも多くの方のお手元に『就職先は海上自衛隊』が届きますように。
最後になりましたが、文庫化にあたりお世話になりました潮書房光人新社の皆様に心より御礼申し上げます。

二〇二二年　五月吉日

時武里帆

単行本　二〇一九年三月　潮書房光人新社（時武ぼたん名義）
装　幀　伏見さつき
DTP　佐藤敦子

産経ＮＦ文庫

就職先は海上自衛隊

二〇二二年七月二十二日　第一刷発行

著　者　時武里帆

発行者　皆川豪志

発行・発売　株式会社　潮書房光人新社

〒100-8077　東京都千代田区大手町一-七-二

電話／〇三-六二八一-九八九一(代)

印刷・製本　凸版印刷株式会社

定価はカバーに表示してあります

乱丁・落丁のものはお取りかえ
致します。本文は中性紙を使用

ISBN978-4-7698-7049-4　C0195

http://www.kojinsha.co.jp

産経NF文庫の既刊本

誰も語らなかったニッポンの防衛産業

桜林美佐

防衛産業とはいったいどんな世界なのか。どんな企業がどんなものをつくっているのか、どんな人々が働いているのか……あまり知られることのない、日本の防衛産業の実情について分かりやすく解説。大手企業から町工場までを訪ね、防衛産業の最前線をリポート。

定価924円（税込）　ISBN978-4-7698-7035-7

日本に自衛隊がいてよかった

自衛隊の東日本大震災

桜林美佐

誰かのために―平成23年3月11日、日本を襲った未曾有の大震災。被災地に入った著者が見たものは、甚大な被害の模様とすべてをなげうって救助活動にあたる自衛隊員の姿だった。自分たちでなんでもこなす頼もしい集団の闘いの記録、みんな泣いた自衛隊ノンフィクション。

定価836円（税込）　ISBN 978-4-7698-7009-8

産経NF文庫の既刊本

頭山満伝　玄洋社がめざした新しい日本　井川　聡

日本が揺れる時、いつも微動だにせず進むべき道を示した最後のサムライ。日本とアジアの真の独立を目指しながら、戦後は存在を全否定、あるいは無視されてきた男の実像。

定価1298円（税込）　ISBN 978-4-7698-7044-9

明治を食いつくした男　大倉喜八郎伝　岡田和裕

渋沢栄一と共に近代日本を築いた実業家の知られざる生涯。帝国ホテル、大成建設、サッポロビール……令和時代に続く三〇余社を起業した巨人の足跡を辿る。大倉財閥創始者の一代記を綴る感動作。

定価913円（税込）　ISBN 978-4-7698-7039-5

産経NF文庫の既刊本

本音の自衛隊

桜林美佐

自衛隊は与えられた条件下で、最大限の成果を追求する。たとえ自らの骨を削り、肉を裂くことになっても、血を流しながら、身を粉にして、彼らは任務を遂行しようとするだろう。(「序に代えて」より) 訓練、災害派遣、国際協力……任務遂行に日々努力する自衛官たちの心意気。

定価891円(税込)　ISBN 978-4-7698-7045-6

プーチンとロシア人【緊急重版】

木村　汎

最悪のウクライナ侵攻——ロシア研究の第一人者が遺したプーチン論の決定版! ロシア人の国境観、領土観、戦争観は日本人と全く異なる。彼らには「固有の領土」という概念はない。二四年間ロシアのトップに君臨する男は、どんなトリックで自国を実力以上に見せているか!

定価990円(税込)　ISBN 978-4-7698-7028-9